LEANDER KHIL

VÖGEL — beobachten

Der praktische Einstieg:
Arten finden und
unterscheiden lernen

KOSMOS

INHALT

KOSMOS PLUS

Alle Stimmen im Buch auf der App „**KOSMOS PLUS**“: siehe Umschlag

Zu diesem Buch

WOZU VÖGEL BEOBACHTEN? Jeder der den Vögeln in ihrer unendlichen Vielfalt an Farben, Gesängen und Lebensweisen verfallen ist, wird diese Frage ein bisschen anders beantworten. Zwischen der Freude über gefiederte Besucher am Futterhaus und gehetztem „Abhaken" möglichst vieler Vogelarten auf Listen findet jeder die Art und Intensität, Vögel zu beobachten, die zu ihm passt. Die Forschung hat mehrfach gezeigt, dass sich Naturerlebnisse wie das Beobachten von Vögeln und eine vielfältige Natur in unserer Umgebung positiv auf Wohlbefinden und Psyche auswirken.

FÜR JEDES ALTER Vögel zu beobachten begeistert Kinder wie Erwachsene gleichermaßen – und schafft eine tiefe Verbindung zur Natur.

STARS WIE DER EISVOGEL eröffnen vielen den Zauber der Vogelwelt. Die Faszination für „kleine braune Arten" entwickelt sich oft erst später.

SEHNSUCHT NACH NATUR In den ersten Monaten der Covid-19-Pandemie stieg die Zahl der Menschen, die zum Vögel-Beobachten in die Natur gingen, sprunghaft an. Das kam nicht von ungefähr: Vögel sind wohl der beste Weg, mit der Natur in dauerndem Kontakt zu bleiben – egal wo man ist. Denn sie kommen überall vor und sind recht leicht zu finden.

DIESES BUCH GIBT IMPULSE, damit das Hobby Vogelbeobachtung noch reichhaltiger wird. Es funktioniert am besten in Kombination mit einem guten Bestimmungsbuch und, wenn man einmal „infiziert" ist, mit dem noch umfangreicheren „Handbuch Vögel beobachten". Am meisten lernt man aber, wenn man viel Zeit draußen verbringt. Also los, auf geht's!

BEVOR ES LOSGEHT

Das Fernglas

Ein Fernglas ist der unverzichtbare Begleiter, wenn du Vögel beobachten willst.

DAS PASSENDE GLAS Mit dem freien Auge stößt man bei der Vogelbeobachtung schnell an Grenzen. Nur selten präsentieren sich Vögel so nah, dass man Details, die z. B. zur Bestimmung wichtig sind, ohne optische Hilfsmittel erkennen kann. Die durch ein „x" getrennten Werte am Fernglas (z. B. 8×32) geben die Vergrößerung (8-fach) gefolgt vom Objektivdurchmesser (32 mm), an. Verbreitet sind vor allem Ferngläser mit 8-facher bzw. 10-facher Vergrößerung. Wer sich für die größere entscheidet, braucht eine ruhigere Hand, sieht dafür aber

DAS FERNGLAS ist das wichtigste Werkzeug bei der Suche nach Vögeln.

mehr Details. Wer über ein Spektiv (S. 10) verfügt, nutzt es, wenn eine stärkere Vergrößerung vonnöten ist. Beim Fernglas kann man dann das größere Sehfeld einer 8-fachen Vergrößerung genießen, mit dem man z. B. fliegende Vögel schneller findet. Der Objektivdurchmesser zeigt in erster Linie an, wie gut sich das Fernglas zur Beobachtung bei schlechten Lichtbedingungen eignet. Je größer der Wert, umso heller ist das Bild, z. B. in der Dämmerung. Die kleinsten geeigneten Gläser haben ca. 25 mm, die größten 42 mm Durchmesser. Die Mitte, ca. 30 mm, ist für mich ideal. Dieser Durchmesser ist bei Tageslichtbedingungen ausreichend und solche Gläser sind leichter, kleiner und günstiger.

PRÜFE BEI DER AUSWAHL eines Geräts die Qualität der Bildwiedergabe und ob es gut in der Hand liegt.

QUAL DER WAHL Vergrößerung, Objektivdurchmesser, Hersteller, Preis – beim Fernglaskauf gibt es viele Optionen.

Sind alle Einstellräder für deine Finger leicht zu erreichen? Zum Schluss musst nur du mit dem Gerät und mit dem Preis-Leistungs-Verhältnis zufrieden sein. Aspekte, die beim Kauf auch berücksichtigt werden können, sind das Engagement der Hersteller, z. B. für Natur- und Umweltschutz, sowie Produktionsweisen und -orte.

QUALITÄTSMERKMALE BEOBACHTUNGSOPTIK

- scharfes, helles Bild
- großes Sehfeld
- wasserdichtes und stoßfestes Gehäuse
- große Austrittspupille
- Vergütung (Beschichtung) der Linsen
- Garantie und Service

Das Spektiv

Ein Fernrohr ist für Beobachtungen von Vögeln auf größere Distanzen von Vorteil.

EIN SPEKTIV (Fernrohr) ist in offenen Lebensräumen, z. B. an Gewässern, sehr nützlich, wo Vögel in großer Distanz stehen oder fliegen. Im dichten Wald hat man dagegen kaum die Möglichkeit, Vögel über weite Strecken zu erblicken. Vor der Anschaffung sind neben dem Preis auch die Einschränkungen durch Gewicht und Größe zu bedenken. Für die Vergrößerung (hier meist im Bereich 20- bis 60-fach) und den Objektivdurchmesser gilt Ähnliches wie beim Fernglas.

EIN STATIV ist für Beobachtungen mit dem Spektiv unverzichtbar. Am nützlichsten sind leichte, stabile Dreibeine. Als Material kommen das sehr leichte, aber teurere Carbon sowie Aluminium in Frage. Achte beim Kauf

AUF GRÖSSERE ENTFERNUNG hilft das Spektiv beim Beobachten und Bestimmen.

darauf, dass die maximale Höhe des Stativs (inkl. Stativkopf und Spektiv) deiner Körpergröße entspricht. Zusammengelegt sollte es in deine bewährten Gepäckstücke passen. Eine Mittelsäule erlaubt ein schnelles Verstellen der Höhe. Ein stabiler und exakt arbeitender Stativkopf ist genauso wichtig. Für die Vogelbeobachtung sind Zwei-Wege-Neiger mit einer horizontalen und einer vertikalen Achse ideal. Kugelköpfe und Drei-Wege-Neiger sind nur für die Fotografie konzipiert.

EIN SOLIDER STATIVKOPF, der flüssige Bewegungen ermöglicht, ist für Beobachtungen mit dem Spektiv unerlässlich.

GERADER ODER SCHRÄGER Einblick am Spektiv? Die meisten Beobachter entscheiden sich für letzteren.

„DIGISCOPING“ Das Handy fotografiert durchs Spektiv mit extrem starker Vergrößerung.

EINE KAMERA mit Teleobjektiv und Autofokus ist für fliegende und schnelle Motive am besten geeignet.

DAS MOBILTELEFON hat für viele nicht nur das Notizbuch ersetzt, sondern erfüllt auch die Funktion von Bestimmungsbuch, Fotokamera, Tonaufnahmegerät, Landkarte u. v. m.

Weitere Ausrüstung

Einige andere Dinge können dein Beobachtungserlebnis erheblich verbessern – allen voran das Mobiltelefon.

SMARTPHONES verfügen über viele Funktionen, für die wir früher zusätzliche Geräte benötigten. Um Sichtungen zu erfassen, kommt im deutschsprachigen Raum die App *NaturaList* zur Anwendung, die mit den Beobachtungsportalen www.ornitho.de/at/ch verknüpft ist. Mit der Handy-Kamera gelingen Belegaufnahmen durchs Spektiv und mit der Diktiergerätfunktion können unbekannte Vogelstimmen aufgenommen werden. Auch Bestimmungsbücher gibt es als App für das Mobiltelefon, mit dem Vorteil, dass man sich darin auch gleich Vogelstimmen anhören oder Videos ansehen kann. Nicht zu sprechen von den zahlreichen Funktionen, die im Freien hilfreich sind, wie z. B. Navigation, Wettervorhersage und Regenradar.

BEKLEIDUNG
Gegen Sonne und Insekten wähle lieber Langärmeliges.

BESTIMMUNGSBUCH
Die unerlässliche Informationsressource um Arten zu erkennen.

FOTOGRAFIEREN
Wer Bilder macht, kann offene Fragen später zu Hause klären.

Rücksicht nehmen

Es versteht sich von selbst, dass wir Rücksicht auf die Natur nehmen und Störungen vermeiden.

IMMER MEHR LEUTE interessieren sich für die Natur und gehen hinaus, um sie zu erleben. Umso wichtiger wird es, dass sich alle an Regeln halten, um verbliebene Lebensräume und ihre Bewohner möglichst wenig zu belasten. Der Schutz der Natur hat auch beim Beobachten und Fotografieren höchste Priorität. Beunruhige oder gefährde Vögel nicht. Das gilt insbesondere an sensiblen Orten, wie an Brut-, Rast-, Mauser- oder Schlafplätzen und im kräftezehrenden Winter. Respektiere Abgrenzungen, die dem Schutz der Natur dienen oder privates Eigentum begrenzen. Verhalte dich im Feld ruhig: Sprich leise, schalte dein Handy lautlos, mach andere freundlich auf Fehlverhalten aufmerksam.

FOTOGRAFIEREN
Fotografen wollen manchmal zu nahe an den Vogel und werden leicht zum Störungsfaktor.

AUF DEN WEGEN
Um Störungen zu reduzieren, Wege nicht verlassen. Dann halten sich Vögel auch nahe der Wege auf.

KLANGATTRAPPEN
Vogelstimmen sollten nur in Ausnahmefällen und dann kurz und leise abgespielt werden.

RESPEKTVOLL Es gibt nur noch wenige ungestörte Naturräume in Mitteleuropa. Beobachter sollten sich respektvoll verhalten und dem Schutz der Natur immer Vorrang geben.

VOR-BEREITUNG ZU HAUSE

UM DIE MERKMALE einer fliegenden Wacholderdrossel zu erkennen, muss man sie schnell im Fernglas finden.

Trockentraining Optik

An den Beobachtungsfähigkeiten arbeiten, auch wenn es einmal keine aufregenden Arten zu sehen gibt? Das geht!

ÜBUNG MACHT DEN MEISTER, auch in der Verwendung von Fernglas und Spektiv. Durch häufige Wiederholungen wird die Bedienung der optischen Geräte zur Gewohnheitssache. Übe daher die Handhabung und beschäftige dich mit den Geräten. Ist der Dioptrienausgleich korrekt eingestellt? Müssen Abdeckungen ersetzt werden? Sind die Linsen sauber? Online-Tutorials zur richtigen Reinigung können dir helfen. Das schnelle Finden von Vögeln sowie das Scharfstellen kann auch an den Spatzen im Garten geübt werden. Wenn du einen fliegenden Vogel rasch in das Sichtfeld des Fernglases bekommst, kann das im Feld den entscheidenden Vorteil eines Moments bringen, den es vielleicht braucht, um ein wichtiges Merkmal zu erkennen.

DIOPTER
Die Schärfeneinstellung an einem Okular des Fernglases kann eingestellt werden, um unterschiedliche Sehstärken der Augen auszugleichen.

OPTIK REINIGEN
(Nur) wasserdichte Geräte reinigt man am besten unter fließendem Wasser. Sonst verwendet man einen Pinsel, dann Putztuch und Reinigungsflüssigkeit.

Training Fotoausrüstung

Wer mit Handhabung und Einstellungsmöglichkeiten der Kamera vertraut ist, macht die besseren Bilder.

MIT EINER NEUEN FOTOKAMERA legt man natürlich am liebsten gleich los, ohne lange die Bedienungsanleitung zu studieren.

An einem verregneten Sommertag oder dunklen Winterabend macht es aber Sinn, sich die Zeit zu nehmen, um die Möglichkeiten der Kamera

HÄUFIGE UND ZUTRAULICHE ARTEN sind tolle Motive, um den Umgang mit der Kamera zu üben.

kennenzulernen und sich mit den Einstellungen auseinanderzusetzen. Denn alle Kameras verfügen über wesentlich mehr hilfreiche Funktionen, als die meisten Nutzer verwenden. Wenn du keinen Fotokurs besuchen willst, um bessere Fotos zu machen, solltest du dir zumindest die Grundlagen der Fotografie aneignen, um mit einfachen Mitteln bessere Ergebnisse zu erzielen. Ressourcen dazu gibt es genügend: z. B. online als Blogartikel, Video-Tutorials oder in Buchform.

MACH DICH VERTRAUT mit deiner Ausrüstung, wenn du gerade nicht von Vögeln „abgelenkt" wirst. Immerhin soll es ja dann klappen, wenn es wirklich drauf ankommt. Wo sind welche Bedienelemente an Kamera und Objektiv? Ist der Bildstabilisator des Teleobjektivs eingeschaltet? Sind Linsen und Kamerasensor sauber? Hilfreich ist es, das Fotografieren, genauso wie das Beobachten mit Fernglas und Spektiv, auch zu Hause oder an „kooperativen" Vogelmotiven zu üben, wie Möwen in einem Hafen oder Tauben in der Stadt. Nicht nur die Handhabung der Ausrüstung, das schnelle Auffinden der richtigen Knöpfe oder das Verfolgen beweglicher Objekte kann so perfektioniert werden. Auch Grundprinzipien ansprechender Aufnahmen, z. B. Bildgestaltung oder Beleuchtung, lernt man so kennen. Wenn du mit deinem Equipment gut umgehen kannst, klappt es bei der nächsten Seltenheit mit dem guten Bild – auch wenn sie sich nur für einen kurzen Moment zeigt.

VIELE BRAUCHBARE FUNKTIONEN verstecken sich im Menü moderner Kameras. Es lohnt sich, sie kennenzulernen.

DER PERFEKTE MOMENT Um ihn nicht zu verpassen, muss man die eigene Ausrüstung gut kennen (Foto: Doppelschnepfen).

Bücher für Beobachter

Zu Vogel-Themen gibt es ein reichhaltiges Schriftwerk über Bestimmung, Beobachtungsplätze und zur Biologie.

EIN GUTES BESTIMMUNGSBUCH darf keinem Vogelbeobachter fehlen. Ein Muss ist *Der Kosmos-Vogelführer* von Lars Svensson, die meisten Beobachter besitzen aber weitere Bücher. Für einzelne, schwierig zu bestimmende Artengruppen (z. B. Möwen oder Greifvögel) gibt es Spezialliteratur, in der einzelne Themen ganz detailliert beleuchtet werden.

REISEVORBEREITUNG Wie und wo im Urlaub der Mariskensänger gefunden werden kann, verraten auf bestimmte Gebiete zugeschnittene Beobachtungsführer.

„VOGELARME“ Jahres- und Tageszeiten lassen sich gut zum Literaturstudium nutzen.

Manchmal ist sie aber nur auf Englisch verfügbar. Bücher über einzelne Länder oder Regionen haben detailliertere Texte und Verbreitungskarten als Bestimmungsführer, die ganz Europa behandeln.

FÜR BESONDERS ERGIEBIGE Beobachtungsgebiete lohnen sich Bücher und Broschüren, in denen die besten Plätze (im Idealfall mit Karten) und typische Arten beschrieben werden. Im deutschsprachigen Raum existieren heute, neben den periodischen Magazinen der Vogelschutzverbände, zumindest zwei populärwissenschaftliche Magazine (*Der Falke* und *Vögel*), die sich aktuellen ornithologischen Themen widmen und diese für ein breites Publikum aufbereiten.

Vögel im Internet

Das Internet bietet eine riesige weiterführende Fülle an Informationsressourcen und Datensammlungen.

VIELE WEBSITES, Blogs und Gruppen in sozialen Medien haben sich als wichtige Informationsquellen über Vögel und Vogelbeobachtung neben den Büchern etabliert. Die oft kostenfreie Möglichkeit, viele detaillierte Informationen zu erhalten, ist ein großer Vorteil der Wissensweitergabe im Netz. Man sollte aber im Hinterkopf behalten, dass es natürlich auch ungefilterte und nichtmoderierte Inhalte leicht ins Internet schaffen, deren Wahrheitsgehalt gegebenenfalls hinterfragt werden sollte.

IM INTERNET finden sich Informationen über Vogelarten, -bestimmung und Beobachtungsdatenbanken. Achte aber darauf, woher die Infos kommen.

AUF DEN WEBSITES der Verbände, z. B. nabu.de, lbv.de, vogelwarte.ch, birdlife.at, gibt es viele Informationen zur lokalen Vogelwelt (Foto: Austernfischer).

IN WEBINAREN stelle ich im Detail Vogelgruppen vor, die bei der Bestimmung Schwierigkeiten bereiten: kosmos.de/digital/kurse (Foto: Mantelmöwe).

DIE DATENBANKEN ornitho.de/at/ch sind ein Datenschatz, den man am besten nutzen kann, wenn man selbst Beobachtungen einträgt (Foto: Zitronenzeisig).

DER VOGEL-BESTIMMUNG widmen sich Seiten wie featherbase.info für Federfunde, birds-in-flight.net für Fliegendes und gull-research.org für Möwen.

DIE ENZYKLOPÄDIE über die Biologie aller Vogelarten der Welt: birdsoftheworld.org ist die Mitgliedschaft wert (Foto: Blaufußtölpel).

BEOBACHTUNGS-PLÄTZE im In- und Ausland lassen sich auf birdingplaces.eu und im Reisebericht-Archiv cloudbirders.com recherchieren (Foto: Kampfläufer).

PC-Spiele für Beobachter

Vögel beobachtet man draußen. Im Internet kann man aber seine Bestimmungsfähigkeiten spielerisch verbessern.

VORSICHT – SUCHTPOTENZIAL! Neben dem dümmlichen „Moorhuhn"-Spiel existieren im Netz auch brauchbare Anwendungen mit Vogelbezug, mit denen man seine Artenkenntnis trainieren kann. Computerbirding.com von Rainer Jahn und Stefan Tewinkel ist der Klassiker. Dieses Spiel ist seit dem Jahr 2000 online und umfasst

BERGLAUBSÄNGER Noch nie gehört? – Vogelquizze stellen uns auch Vogelarten vor, die wir bisher nicht auf dem Radar hatten.

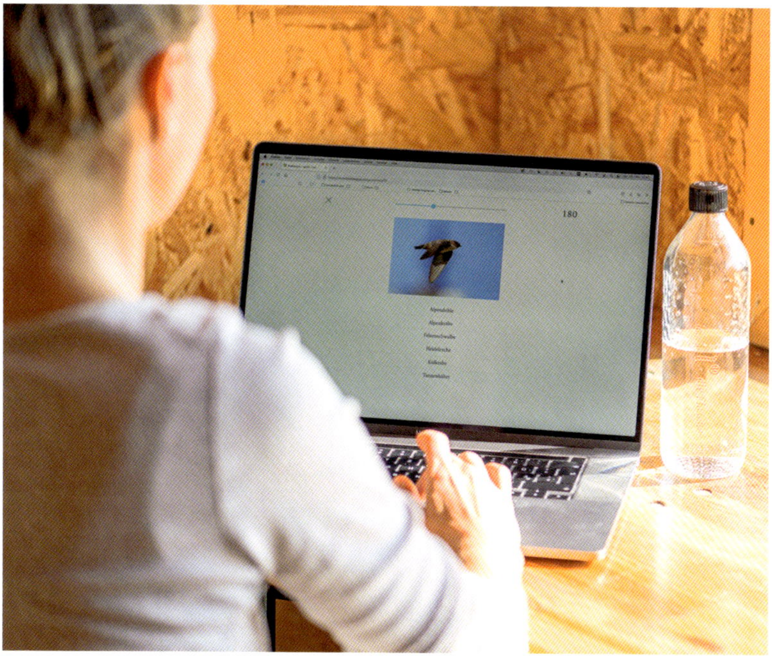

MIT SUCHTFAKTOR Bestimmungsübungen am Computer machen Spaß und erweitern die Artenkenntnis.

mehr als 40.000 Fotos von 613 Arten aus Europa, Nordafrika und dem Nahen Osten. Es können unterschiedliche Schwierigkeitsstufen gewählt werden und die Artnamen sind in 13 Sprachen verfügbar. Eine ähnliche, weniger umfangreiche Abwandlung ist das Quiz auf birds-online.ch von Michael Gerber.

QUIZZE auf natureid.no der norwegischen Nord Universität bieten mehr Einstellungsmöglichkeiten. Hier kann das Artenset auf einzelne Länder beschränkt und auch Stimmen können zugeschaltet werden. Außerdem gibt es eigene Bereiche für Säugetiere und Tierspuren. Bei biofotoquiz.ch der Stiftung Naturama Aargau gibt es neben fast 10.000 Vogelbildern aus 667 Arten (Europa und darüber hinaus) auch ganz auf die Schweiz bezogene Quizze zu Pflanzen, Säugetieren, Fischen, Schmetterlingen, Libellen, Heuschrecken, Amphibien und Reptilien.

DRAUSSEN STARTEN

VIER TIPPS ZUM EINSTIEG

LEISE UND LANGSAM
Bewege dich im Feld umsichtig und du wirst mehr beobachten. Sprich und geh leise, stell das Handy lautlos.

VOGELTRUPPS MUSTERN
In Vogelansammlungen verstecken sich auch Besonderheiten, ungewöhnliche Färbungen oder beringte Vögel (Foto: Lachmöwen).

SONNENSTAND UND WINDRICHTUNG

Bei Rückenlicht kannst du Färbungen und andere Merkmale besser erkennen. Rückenwind trägt Geräusche vom Beobachter zum Vogel.

WEITSICHT BEWAHREN

Schau in alle Richtungen, manchmal auch zurück oder zum Himmel. Vögel sind nicht immer dort, wo wir sie erwarten.

Futterhaus und Tränke

Mit einfachen Mitteln kannst du Vögel im Garten unterstützen und besser „sichtbar" machen.

DIE FÜTTERUNG sollte nicht die naturnahe Bepflanzung (siehe S. 34) des Gartens ersetzen. Sie erlaubt es aber, Vögeln schnell und unkompliziert zu helfen. Als positiver Nebeneffekt werden viele samenfressende Vogelarten auf kurze Distanz sichtbar, die man sonst

AM FUTTERHAUS sehen wir manche Vögel erstmals aus nächster Nähe – hier einen prächtigen Stieglitz.

ZILPZALP AM WASSER Wer eine natürliche seichte Wasserstelle im Garten hat, braucht keine Vogeltränke aufzustellen.

mühevoll in den Baumkronen suchen muss. Vogelfütterungen eignen sich hervorragend, um Wald- und Gartenvögel kennenzulernen und die ersten Schritte in Geschlechts- und Altersbestimmung zu machen. Egal ob du nur im Winter fütterst oder das ganze Jahr – wie es mittlerweile salonfähig ist: Informiere dich über die richtige Praxis.

PERFEKTES TESTGELÄNDE An Futterstellen kannst du außerdem die Handhabung von Fernglas oder Kamera üben. Viele Hobbyfotografen bauen sich sogar ein kleines Versteck, um Spechte, Meisen, Finken und Sperlinge ins rechte Licht zu rücken.

EINE WASSERSTELLE kann für Vögel genauso attraktiv und wichtig sein wie eine Fütterung. Zu manchen Jahreszeiten oder bei großer Hitze triffst du am Wasser sogar mehr gefiederte Besucher an als an Futterplätzen. Gute Vogeltränken haben sehr seichtes Wasser, flache Ufer oder eine Vorkehrung, die ins Wasser gefallenen Tieren das Entkommen ermöglicht. Besonders beliebt ist sprudelndes oder tropfendes Wasser.

Bepflanzung und Nisthilfen

Mit naturnaher Gestaltung und mit Nisthilfen wird der Garten zum Vogel-Hotspot.

WÄREN ALLE GÄRTEN etwas „ungepflegter", müssten wir uns um die Bestände mancher Vogelarten weniger sorgen. Mit naturnaher Gartengestaltung leistest du einen wertvollen Beitrag zum Naturschutz. Das fängt bei heimischer Bepflanzung an, geht über die Schaffung von Strukturen, wie Steinmauern, Sandbeeten und Asthaufen, und hört bei Nisthilfen auf.

DIE WICHTIGSTEN ZUTATEN für den vogelfreundlichen Garten sind Nahrung, Brutplätze und Verstecke. Ist alles vorhanden, wird eine überraschende Vielfalt deinen Flecken Grün besuchen. Jahreslauf und Vogelzug sorgen dafür, dass neben den „alten Bekannten" auch immer wieder überraschende Gäste durch deine artenreiche Hecke huschen.

ZURÜCKLEHNEN, NICHTS TUN ist der günstigste Weg zum vogelreichen Naturgarten.

HEIMISCHE BEPFLANZUNG ist das A und O im naturnahen Garten. Holunder, Schneeball, Schlehe, Berberitze und Haselnuss sind Sträucher, deren Früchte vielen Vögeln Nahrung bieten. Beliebte Wildkräuter wie Vogelmiere, Hirtentäschel oder Löwenzahn gehen von selbst auf. Welche Pflanzen im Garten wachsen, ist mindestens so wichtig wie das Zufüttern an der Futterstelle (Foto: Amsel-Weibchen).

EINE FESTUNG FÜR SINGVÖGEL sind Dornenbüsche. In Weißdorn, Heckenrose, Brombeere, Liguster & Co finden Vögel mit frei stehenden Nestern Brutplätze, die für Fressfeinde schwer zu erreichen sind. Sperlinge nutzen dornige Gebüsche als Rückzugsort. Die größten Spatzenschwärme gibt es häufig dort, wo eine dichte Hecke Schutz vor dem Sperber bietet (Foto: Feldsperling).

NISTHILFEN sind wichtig, wo natürliche Nistgelegenheiten fehlen. Am besten eignen sich alte Bäume und Totholz, dichte Stauden, Gebüsche und Kletterpflanzen (Efeu, wilder Wein). Mit Nistkästen für Höhlenbrüter kannst du zusätzlichen Brutraum für Meisen, Kleiber, Schnäpper, Gartenrotschwanz u. v. m. bereitstellen. Spezielle Nisthilfen gibt es z. B. für Dohlen, Eulen, Falken usw. (Foto: Halsbandschnäpper-Weibchen).

Verhalten in der Brutzeit

Fühlen sich Vögel gestört, teilen sie uns das mit. Diese Signale zu erkennen, ist zur Brutzeit besonders wichtig.

WER GERN VÖGEL FOTOGRAFIERT, möchte immer besonders nah am Vogel sein. Im Frühling und Sommer scheinen manche gefiederten Motive ihre Scheu zu verlieren. Entzückend, wie der Hausrotschwanz da aufgeregt vor uns auf und ab tanzt. Aber Achtung! Es könnte gut sein, dass wir uns im Bereich eines Nestes befinden und den Vogel gerade stören.

ZUR BRUTZEIT sind Vögel besonders empfindlich. Sie müssen in kurzer Zeit die nächste Generation auf den Weg bringen und sind in dieser Zeit an ihren Neststandort gebunden – Eier können nicht flüchten. Wenn wir Verhalten wahrnehmen, das auf ein Nest oder Jungvögel schließen lässt, heißt es sofort: Rückzug und aus sicherer Distanz beobachten.

NICHT STÖREN In der Zeit des Nestbaus geben Vögel ihr Brutvorhaben noch besonders leicht auf (Foto: Kiefernkreuzschnabel).

VÖGEL SAGEN UNS auf verschiedene Art, wenn sie Eier oder Jungtiere in der Nähe haben und uns Menschen oder andere Feinde als Störung empfinden.

BESONDERS GEFÄHRDET sind Gelege und Küken von Bodenbrütern. Diese Arten reagieren deshalb auch ausgesprochen energisch, wenn wir ihrem Nachwuchs zu nahe kommen.

BEI VÖGELN MIT FUTTER im Schnabel ist klar: Hier werden Junge gefüttert (Foto: Bachstelze).

ATTACKE Seeschwalben, Möwen u. a. attackieren, wenn wir ihren Nestern zu nahe kommen (Foto: Küstenseeschwalbe).

AUFGEREGTES GESCHREI und „vertrautes“ Verhalten deuten auf ein Nest hin (Foto: Rotschenkel).

SCHAUSPIELER Um Feinde vom Nest wegzulocken, „spielen“ manche Bodenbrüter verletzt (Foto: Mongolenregenpfeifer).

Verhalten deuten bei Gefahr

Ein Vogel verrät oft die Anwesenheit eines anderen. Du kannst lernen, diese Zeichen zu deuten.

WENN FRESSFEINDE in der Nähe sind und entdeckt wurden, können wir das am Verhalten von Vögeln ablesen. Bestimmt ist dir schon einmal eine Ente aufgefallen, die den Kopf auf die Seite legt und in den Himmel lugt? Schau dann doch auch einmal rauf, denn da fliegt mit Sicherheit etwas – wahrscheinlich ein Greifvogel.

AUCH AKUSTISCH verraten uns Vögel, wenn sie einen Fressfeind ausgemacht haben. Viele Arten verwenden eigene Warnrufe, um auf Greifvögel, Katzen, Menschen oder andere

EINE EULE im Dickicht findet man manchmal dank der zeternden („hassenden") Kleinvögel, die sie verraten (Foto: Raufußkauz).

Gefahren aufmerksam zu machen. Bei Gefahr aus der Luft kommen hohe, lang gezogene Rufe wie „siiii“ zum Einsatz 005. Bewegt sich ein Feind am Boden oder im Geäst, hört man kurze, zeternde, harte Rufe 006.

FEIND ENTDECKT Singvögel zeigen Greife und Eulen schimpfend an (Foto: Tannenmeise).

ZU BODEN DRÜCKEN ist die erste Reaktion der Bekassine bei Gefahr.

FLÜCHTENDE VÖGEL kündigen uns Greifvögel an (Foto: Seeadler).

„LANG MACHEN“ heißt Verunsicherung und Bereitmachen zur Flucht (Foto: Flussuferläufer).

EIN HOHES „SIIII“ bedeutet bei vielen Vögeln „Gefahr aus der Luft“ (Foto: Blaumeise).

MIT DEM BLICK NACH OBEN verrät die Krickente einen Greifvogel.

VIELE VÖGEL kann man nur selten sehen.
Versteckt lebende Arten kann man aber regelmäßig hören.

Vogelstimmen erlernen

Gesänge und Rufe der Vögel zu erkennen ist nicht leicht, aber lohnend. Wer Stimmen kennt, nimmt viel mehr wahr.

BEIM ERSTEN HINHÖREN klingen alle Vögel irgendwie ähnlich. Es braucht Zeit, bis man verschiedene Gesänge den Vogelarten zuordnen kann. Noch schwieriger ist es mit den kurzen, weniger charakteristischen Rufen. Beginne zuerst nur mit wenigen Arten, die du häufig hörst. Wenn dir diese geläufig sind, fallen dir „neue" Stimmen bald auf. Versuche, den singenden Vogel immer zu sehen, dann bleibt ein prägenderer Eindruck.

UNBEKANNTE STIMMEN Auch mit dem Handy gelingen ausreichende Aufnahmen, um das Gehörte mit Tonaufnahmen oder Videos im Internet oder in Apps abzugleichen. Für viele Vogelbestimmungsbücher im KOSMOS-Verlag gibt es die Stimmen kostenlos zum Anhören in der KOSMOS-Plus-App. Mit der App BirdNet können Vögel sogar direkt aufgenommen werden. Die App analysiert und bestimmt mit erstaunlicher Trefferwahrscheinlichkeit!

MIT DEM HANDY Stimmen aufnehmen und später in Ruhe bestimmen.

MIT HÄUFIGEN ARTEN STARTEN. Diese Stimmen sind das Basiswissen (Foto: Buchfink).

Ähnliche Stimmen

Wenn verschiedene Stimmen sehr ähnlich klingen, hilft es, sie zu charakterisieren und mit Attributen zu versehen.

GELINGT KEINE AUFNAHME eines unbekannten Rufes, solltest du die Stimme genau beschreiben: Wie ist die Tonlage (z. B. hoch, tief, fröhlich, melancholisch, ansteigend, abfallend), der Klang (z. B. klar, dumpf, flüssig) und der Rhythmus (z. B. schnell, langsam, gleichmäßig, hüpfend). Vergleiche mit schon bekannten Stimmen.

SEHR HILFREICH kann es auch sein, eine eigene Interpretation der Vogelstimme aufzunehmen oder aufzuschreiben. Das hilft sehr dabei, sich ein unbekanntes Geräusch zu merken, bis man es später vergleichen kann. Manche Beobachter verwenden Merksprüche für einzelne Arten. Die Goldammer singt z. B.: „Wie, wie, wie hab ich dich

PROBIERE, RUFENDE VÖGEL IMMER ZU SEHEN. Nur so lernst du z. B. die breite Palette an Rufen und Imitationen der Kohlmeise kennen.

liiiieb!" 007, und der Karmingimpel: „Nice to meet you!" 008

WÄHREND REVIERGESÄNGE, die vor allem von den Männchen im Frühling zu hören sind, oft noch vergleichsweise einfach zu erkennen sind, machen es uns die kurzen Rufe besonders schwer. Unten sind in der ersten Zeile drei Beispiele für Gesänge, die anfangs ähnlich klingen mögen, und darunter drei häufige Rufe, bei denen man schon ganz genau hinhören muss.

OPERNARTIG GETRAGEN klingt der typische Gesang der Amsel 009.

AUSGESPROCHEN FRÖHLICH wirkt das hektische Zwitschern der Mönchsgrasmücke 010.

MELANCHOLISCH, perlend und mit längeren Pausen flötet das Rotkehlchen 011.

LEISE „TSIP" ruft die Singdrossel aus Gebüschen und im Flug 012.

SCHARF „PIX" rufen Kernbeißer im Flug oder aus Bäumen 013.

HART „ZICK" klingen rufende Rotkehlchen 014.

Vögel fotografieren

Es gibt gute Gründe, Vögel zu fotografieren: als Andenken, zur Doku oder zum Bestimmen von Details.

DIE KAMERAS VON HEUTE ermöglichen es uns, auf Bildern und Videos Details zu erkennen, die mit bloßem Auge nicht wahrgenommen werden können. Dazu gehören winzige Gefiedermuster,

EINE FOTOKAMERA, klein oder groß, gehört heute zur Standard-Ausrüstung. Hier machen Beobachter „Jagd" auf einen seltenen Goldhähnchenlaubsänger, der ausnahmsweise in der Wiener Innenstadt zu sehen war.

DIE WICHTIGSTEN BASIS-EINSTELLUNGEN FÜR VOGELFOTOS

- **Belichtungskorrektur** +/– für hellere/dunklere Bilder
- **Autofokus** verfolgt bewegliche Objekte
- **Serienbild** erhöht die Trefferwahrscheinlichkeit
- **Kurze Verschlusszeit**, um Bewegungen „einzufrieren" und nicht zu verwackeln
- **Einzelnes Fokusmessfeld**, damit auf das Vogelauge fokussieren
- **Stabilisierung** an Objektiv oder Kamera einschalten

feine Farbschattierungen oder in Metall gravierte Nummern auf Vogelringen. Oft bewegen sich Vögel so schnell, dass eine Einschätzung wichtiger Merkmale, z. B. die Färbung der Flügelunterseite, ohne Foto schwierig ist. Häufig ist man später froh, wenn man auf Aufnahmen von einer besonderen oder fraglichen Beobachtung zurückgreifen kann. Alles spricht daher dafür, Fotos zu machen.

FÜR VOGELFOTOGRAFEN gehören Kamerasysteme mit Wechselobjektiven zu den beliebtesten Lösungen. Ein stark vergrößerndes Teleobjektiv ist dabei ein Muss – egal ob man eine so genannte Bridge-Kamera mit „Superzoom"-Objektiv verwendet, per Digiscoping, also mit dem Handy durch das Spektiv fotografiert (siehe S. 11), oder eine spiegellose bzw. Spiegelreflexkamera verwendet. Ideal ist ein Objektiv mit 500 mm Brennweite oder mehr. Sehr weitverbreitet und vergleichsweise erschwinglich sind Zoomobjektive mit etwa 200–600 mm.

STRATEGISCH Vögel haben vor Autos sehr häufig weniger Angst als vor Fußgängern. Mit dem Auto gelingt die Annäherung daher leider meist besser als zu Fuß oder auf dem Fahrrad. Dafür ist man mit dem Auto weniger flexibel. Außerhalb des Fahrzeugs kannst du vorhandene Verstecke nutzen. Warte regungslos und lass die Vögel auf dich zukommen.

Enten

An den meisten Gewässern finden wir Enten vor. Sie sind perfekte Beobachtungsobjekte – nicht nur für Einsteiger.

ALS EINSTIEGSVÖGEL eignen sich Enten hervorragend. Sie halten sich stets am Wasser auf, verstecken sich kaum, sind oft zutraulich und ihre Merkmale daher gut zu sehen. Besonders die Erpel im Prachtkleid sind einfach zu bestimmen. Wem die bunten Gefieder zu wenig Herausforderung sind, der kann sich an der Bestimmung der Weibchen und fliegender Individuen versuchen. Aber auch die prächtigen Erpel können es einem schwer machen – alles nur eine Frage von Distanz und Lichtbedingungen. Schwimmen sie weit draußen, schenke der Verteilung von weißen Partien alle Beachtung. Bei schlicht gefärbten Individuen, z. B. Weibchen und Jungvögeln, achte auf Gestalt, kleine Details und die Farbe des Spiegels, also den farbigen Bereich im Flügel. Den Rufen der Enten wird selten Beachtung geschenkt, aber auch daran lassen sie sich unterscheiden. Es gibt

ENTEN und Gänse sammeln sich in gemischten Trupps, die gute Vergleiche ermöglichen.

sogar geschlechtsspezifische Lautäußerungen – hör mal, wie unterschiedlich Männchen 015 und Weibchen 016 der Stockente rufen.

EINIGE ASPEKTE DER MAUSER (Federwechsel) und bei den Männchen den Wechsel zwischen Pracht- und Schlichtkleid im Herbst und Frühsommer kann man gut an Enten nachvollziehen. Achte darauf, wann die Erpel bunt sind und wann sie ihr Gefieder wechseln. Auch die jungen Männchen der vergangenen Brutsaison erhalten im ersten Herbst das Prachtkleid.

ERPEL tragen im Winter und Frühling ein buntes Prachtkleid (links). Für die Sommermonate (nach der Balz) wechseln sie in ein Schlichtkleid (rechts), das dem der Weibchen (unten links) ähnelt.

WEIBLICHE ENTEN (und Erpel im Schlichtkleid) unterschiedlicher Arten sehen sich sehr ähnlich. Neben Färbungsdetails ist auch die Gestalt hilfreich: Die Stockente (links) ist groß und kompakt, die Spießente (Mitte) schlank und langschwänzig und die Krickente (rechts) klein und zierlich.

Futterhaus-Beobachtungen

Wasservögel beobachtet man am Wasser. Und Waldvögel? Am Futterhaus! Nirgendwo sonst geht das so gut.

AN EINEM GUT PLATZIERTEN FUTTERHAUS, nicht zu weit vom Fenster entfernt, können wir Waldvögel beobachten, die sich sonst nur selten gut zeigen. Wer verschiedenes Futter füttert und einen Wald in der Nähe hat, aus dem die Vögel kommen, darf durchaus mit 30 verschiedenen Arten rechnen. Die sind mit etwas Übung schnell zugeordnet.

DIE FASZINIERENDE WELT DER VOGELBESTIMMUNG hält aber so viel mehr bereit! Nutze die einmaligen Gelegenheiten, etwas genauer hinzusehen. Welches ist das Männchen, welches das Weibchen? Bei der Amsel ist das noch ein Leichtes. Aber wie sieht es bei der Kohlmeise aus? Noch schwieriger wird es bei der Blaumeise.

DER SPERBER kommt ans Futterhaus, weil er Singvögel zum Fressen gern hat.

KOMMT EIN BLAUMEISEN-PÄRCHEN regelmäßig bei dir zu Besuch? Das intensivste Blau zeigen Männchen, gefolgt von Weibchen. Auf Kopf und Flügeln lediglich graublau sind die Jungvögel der vergangenen Brutsaison. Die Geschlechtsbestimmung ist bei vielen Singvögeln möglich, die im Winter ans Futterhaus kommen.

UND BEI KLEIBER UND STIEGLITZ? Entscheidend beim Kleiber ist die unterschiedliche Färbung der Unterschwanzdecken (rotbraun beim Männchen). Die Ausdehnung der roten Maske ist bei den Geschlechtern des Stieglitz unterschiedlich. Diese Unterschiede siehst du gut am Futterhaus vor dem Fenster.

DAS KOHLMEISEN-MÄNNCHEN hat einen breiten Bruststreifen und eine schwarze Bauchmitte.

BEIM KOHLMEISEN-WEIBCHEN wird der Bruststreif zum Bauch hin immer dünner.

BEIM STIEGLITZ-MÄNNCHEN reicht das intensive Rot über dem Auge weiter nach hinten.

BEIM STIEGLITZ-WEIBCHEN ist die Ausdehnung von Orangerot über und unter dem Auge etwa gleich.

Möwen am Sammelplatz

Für einige sind sie der Olymp der Vogelbestimmung, für andere ein Thema, dem man aus dem Weg geht: Möwen.

MÖWEN SAMMELN sich in Häfen, an Strandabschnitten, Schlafplätzen auf Gewässern oder auf Mülldeponien. Dort lassen sie sich oft auf kurze Distanz beobachten und studieren. Ideal, um ihre Kleiderfolge besser zu verstehen und sich detailliert mit dieser schwierigen Gruppe – damit sind insbesondere die großen Möwenarten gemeint – auseinanderzusetzen.

DAS SCHWIERIGE an Großmöwen sind die unterschiedlichen Kleider, von braun gescheckten Jungvögeln bis zu den weiß-grauen Altvögeln, und ihre Variabilität. Mittelmeer-, Silber-, Steppen-, Heringsmöwe & Co sehen sich ohnehin schon sehr ähnlich. Bei allen Arten gibt es aber hellere, dunklere, größere, kleinere und sogar Mischlinge, wodurch sich Merkmale noch stärker überschneiden.

DER EINSTIEG GELINGT mit den Altvögeln. Ihre Merkmale sind weniger variabel (Foto: Steppenmöwe).

WINTER IST MÖWEN-SAISON Die Federn sind frisch und Merkmale gut zu erkennen (Foto: Silbermöwe).

MANCHE TRAGEN RINGE Abgelesene Markierungen an die Vogelwarten melden (Foto: Heringsmöwe).

MÖWEN ZU BEOBACHTEN ist sehr lehrreich. Bei keiner anderen Vogelgruppe müssen aber auch so häufig Individuen unbestimmt bleiben (Foto: Mittelmeermöwe).

BEI NEU- UND VOLLMOND fällt die Flut besonders stark aus (Springtide). An den Hochwasserrastplätzen sammeln sich dann noch mehr Vögel als sonst.

Hochwasserrastplätze

Stehen Schlickbänke an der Küste bei Flut unter Wasser, sammeln sich viele Vögel an Hochwasserrastplätzen.

DIE EBBE gibt in regelmäßigen Abständen Wattflächen frei, auf denen große Vogelmengen, insbesondere Watvögel, aber auch Enten, Möwen u. a., Nahrung finden. Zweimal täglich müssen die Vögel der Flut weichen. Diese Zeit nutzen sie, um an erhöhten Stellen an der Küste zu rasten. Am Meer geben die Gezeiten die Aktivitätsphasen der Vögel vor und nicht Tag und Nacht. An den Hochwasserrastplätzen können sich Tausende Vögel sammeln.

ES LOHNT SICH, beim Küstenbesuch einen Blick auf den Gezeitenkalender zu werfen und sich nach großen Hochwasserrastplätzen zu erkundigen. Das können höhere Strandabschnitte, Buhnen, Pfahlreihen oder Molen sein. Suche sie schon vor dem Hochwasser auf. Dort treffen dann verschiedene Limikolen, Möwen, Seeschwalben, aber auch Löffler, Brandgänse und andere Entenvögel ein. Die Chance, etwas Besonderes zu entdecken, ist groß.

ZWERGSCHARBEN UND BRANDSEESCHWALBEN stehen hier wie die Hühner auf der Stange.

AUSTERNFISCHER sind sehr gesellige Vögel. Hier sammeln sie sich bei Flut auf einer Buhne.

Zugstau im Frühling

Bei Schlechtwetter, besonders wenn es regnet, werden Vögel zur Landung gezwungen.

NIEDERSCHLÄGE haben besonders zu starken Zugzeiten einen positiven Effekt auf den Beobachtungserfolg: Zugvögel werden von einsetzendem Regen zur Landung gezwungen. Weht im Frühling der Wind aus Süden, machen sich viele Zugvögel bei Rückenwind auf den Weg.

DREHT DER WIND und bläst den Vögeln entgegen, vielleicht sogar noch mit Regen- oder Schneefall, kommt das Zuggeschehen zum Stillstand. Dann rasten tausende Schwalben an den Seen, und plötzlich erscheinen Möwen, Seeschwalben und Watvögel auf Rastplatzsuche.

REGEN BRINGT besonders während starker Zugzeiten neue Gäste an die Rastplätze (Foto: Flussuferläufer).

IM FRÜHLING können bei plötzlich einsetzendem Regen Zwergmöwen an großen Gewässern erscheinen.

SOGENANNTE ZUGSTAUS werden von beständigen Schlechtwetterfronten verursacht und hindern viele Vögel am Weiterflug. Dann sitzen plötzlich Dutzende Schafstelzen auf einem nassen Acker, und Küstenvögel, die das Binnenland eigentlich hoch überfliegen wollen, müssen landen. Wenn es in der zweiten Nachthälfte, also nachdem die Nachtzieher aufgebrochen sind, zu regnen beginnt, ist ein Beobachtungsspaziergang am Morgen danach oft besonders lohnend.

WENN SICH DAS SCHLECHTE WETTER AUFLÖST und der Wind wieder günstig weht, entlädt sich der Zugstau. Schon am nächsten Tag kann alles wieder beim Alten sein. Große Vogelmengen setzen sich dann gleichzeitig in Bewegung; bei den Tagziehern bekommen wir das mit. Besonders spektakulär z. B., wenn an einem Nadelöhr des Vogelzugs viele Greifvögel zeitgleich hochkreisen, sobald die Sonne wieder rauskommt. Die Nachtzieher wandern weiter, ohne dass wir viel davon wahrnehmen.

UNTERWEGS IM DUNKELN
Es ist spannend, nachts die Vögel zu „verhören".

In der Nacht

Um Vögel nachts zu finden, sind wir auf unsere Ohren angewiesen. Manche Arten entdecken wir fast nur so.

EULEN RUFEN UND SINGEN schon im Herbst und Winter, im Sommer hört man auch die Bettelrufe ihrer Jungen. Ab dem Frühling beginnen manche Singvögel, z. B. Nachtigall, Sprosser, Rohrsänger, Schwirle und Rotschwänze, mit nächtlichem Gesang. In den Feuchtgebieten kann man versuchen, Rallen, Rohrdommel und Zwergdommel in Röhricht- und Seggenbeständen zu hören.

SPEZIALISTEN wie Triel, Wachtelkönig, Ziegenmelker oder Nachtreiher sind nachts in geeigneten Lebensräumen aktiv. Sehr viele Arten ziehen im Dunkeln in breiter Front übers Land. Drosseln sind häufig im Herbst hörbar und selbst unerwartete Arten, z. B. Watvögel, ziehen nachts auch über Städte und Dörfer. Die Stimmen der Nachtzieher kann man automatisiert aufnehmen (siehe S. 73).

IM FRÜHLING sind viele Arten auch oder besonders in der Nacht zu hören (Foto Drosselrohrsänger).

NACHTREIHER fliegen ab der Dämmerung und jagen nachts – daher ihr Name.

Greifvogelzug

Wenn große Greifvögel und Störche ziehen, kreisen sie in warmen Aufwinden hoch und gleiten in Zielrichtung ab.

AB DEM VORMITTAG, wenn sich die Erde erwärmt hat und warme Luftmassen hochströmen, können Segelflieger wie Bussarde, Adler oder Geier energiesparend weiterziehen. Sie suchen Bereiche mit kräftigen Aufwinden, sogenannte Thermiksäulen auf – meist über Hügelketten oder an Bergflanken. Darin kreisen sie empor, um dann ohne Flügelschlag davonzugleiten.

WENN SIE AN FLUGHÖHE verloren haben, lassen sie sich von der nächsten Thermik wieder kreisend höherheben. So bewältigen sie hunderte Kilometer jeden Tag. Im Frühling und Herbst lohnt es sich, länger auf einen kreisenden Vogel zu achten. Häufig kommen noch andere ziehende Greifvögel hinzu. Aber auch die lokalen Mäusebussarde und Rabenvögel kreisen gern eine Zeit lang mit.

RIESIGE SEGELFLIEGER wie der Kaiseradler (hier mit Turmfalke) bewältigen große Strecken, indem sie hoch kreisen und dann gleitend abstreichen.

VERGLEICHE DIE SILHOUETTEN der kreisenden Vögel, ihre Flügelhaltung beim Gleiten, die Größe der gezogenen Kreise und wie schnell sie aufwärtskommen.

Besonders häufig werden Thermiken von Mäusebussarden genutzt. Am stärksten auf sie angewiesen sind Adler und Geier, gefolgt von Bussarden, Milanen, Habicht und Sperber.

MÄUSEBUSSARDE sind am häufigsten kreisend zu sehen. Einerseits, weil sie die häufigsten Greifvögel Europas sind, aber auch, weil sie Thermik brauchen, um zu ziehen.

WESPENBUSSARDE verbringen nur den Sommer in Europa. Während ihres Herbstzuges im August und September können sie regelmäßig kreisend und ziehend beobachtet werden.

WEIHEN, FISCHADLER UND FALKEN ziehen auch aktiv mit den Flügeln schlagend. Sie kreisen zwar auch, aber etwas seltener als Bussarde (Foto: Kornweihe).

ÜBERRASCHUNG IN DER THERMIK Unerwartete Sichtungen kommen bei der Beobachtung des Greifvogelzugs vor. Hier kreist eine Falkenraubmöwe im Aufwind.

Wintereinbruch

Kaltlufteinbrüche bringen im Herbst und Winter Vögel aus dem Norden nach Mitteleuropa.

LANGSTRECKENZIEHER haben im Herbst unsere Breiten verlassen. Im Winterhalbjahr dürfen wir dann mit größeren Verschiebungen in der Vogelwelt rechnen, wenn Wintereinbrüche Vogelmassen zur „Winterflucht" zwingen. Vogelarten, die nur kurze Strecken ziehen, lassen sich von harschem Wetter weitertreiben. Mit polarer Kaltluft erreichen uns Wintergäste wie Schneeammer, Taigabirkenzeisig, Berghänfling oder Ohrenlerchen.

FELDWEGE werden zu interessanten Lebensräumen für diese Arten, wenn auch bei uns die Felder verschneit sind. An den Gewässern erscheinen vielleicht Enten oder Möwen, die den Norden erst verlassen, wenn die Gewässer dort frieren. Ähnliche Effekte zeigen sich, wenn es in den Bergen schneit. Dann darf man in Steinbrüchen oder an Burgruinen auf einen Mauerläufer oder einen Schneesperling hoffen, der das Hochgebirge verlassen hat.

OHRENTAUCHER überwintern in kleiner Zahl an großen Gewässern in Mitteleuropa.

ALPENBRAUNELLEN leben im Hochgebirge, kommen bei Schnee aber manchmal tiefer.

WENN ES IN NORDEUROPA RICHTIG KALT WIRD, weichen Vögel von dort aus und erscheinen bei uns.

SO GEHT'S WEITER

VIER SCHNELLE TIPPS

LEBENSRÄUME STUDIEREN

Vögel nutzen bestimmte Nischen unseres Ökosystems. Achte darauf, wo genau sie vorkommen und auftauchen. So lernst du, wo welche Arten zu erwarten sind (Foto: Blaukehlchen).

WETTERKONSTELLATIONEN BRINGEN BESONDERHEITEN

Herbstliche Weststürme bringen Vögel von den Küsten, Südwind aus dem Mittelmeerraum, polare Kaltluft aus dem Norden (Foto: Spatelraubmöwe).

VÖGEL KENNEN KEINE GRENZEN

Einflüge von besonderen Arten zeichnen sich häufig schon bei den Nachbarn ab. Ein Blick auf Beobachtungsportale anderer Länder (S. 122) bereitet darauf vor (Foto: Seidenschwanz).

ENGLISCHSPRACHIGE LITERATUR UND WEBSITES

Fachliteratur zu bestimmten Artengruppen ist manchmal nicht auf Deutsch verfügbar. Viele zusätzliche Ressourcen zur Vogelbestimmung existieren auf Englisch (Foto: Barabamöwe).

Aufzeichnungen machen

Trage Beobachtungen in Online-Portale ein. Dort werden sie zum wertvollen Beitrag zu Forschung und Vogelschutz.

ES IST GUTE PRAXIS, Aufzeichnungen der eigenen Sichtungen zu machen. Online-Portale (im deutschsprachigen Raum sind v. a. www.ornitho.de/ch/at etabliert) und die dazugehörige App *NaturaList* haben dabei das Notizbuch weitgehend abgelöst. In den *ornitho*-Datenbanken erfüllen die Einträge nicht nur die Funktion der persönlichen Gedächtnisstütze: Die Vogelschutzverbände nutzen die Daten für Analysen zum Vorkommen von Vogelarten, und auch andere Beobachter können sich informieren.

REGIONALKOORDINATOREN sind dafür zuständig, ungewöhnliche Sichtungen zu hinterfragen. Auch automatische Filter machen auf die Besonderheit einer Meldung aufmerksam. Lade dann Fotos hoch oder beschreibe die gesehenen Merkmale (Foto: Flussregenpfeifer).

DAS SMARTPHONE erfüllt heute für die meisten Beobachter auch die Funktion des Notizbuches.

DIE EINFÜHRUNG DIESER PORTALE hat die Wissensgrundlage über das Vorkommen von Vögeln stark verbessert. Musste man vor 20 Jahren noch genau wissen, wie und wohin man Beobachtungen überhaupt melden kann, so kann sie jetzt jeder sofort am Smartphone eingeben.

DETAILS ZUR EINGABE Nutze so oft wie möglich die Funktion der vollständigen „Liste“, statt Einzelbeobachtungen einzugeben. Dabei werden alle an einem Ort festgestellten Arten, nicht nur die besonderen, eingetragen. Automatisch wird die Dauer der Beobachtung erfasst, und aus der vollständigen Liste geht auch hervor, welche Arten *nicht* anwesend waren. Für Auswertungen hat diese Form der Eingabe deutlich höheren Wert.

JE MEHR DETAILS DU NOTIERST, desto besser. Erst im Nachhinein wird oft klar, welche Information man in den eigenen Aufzeichnungen vermisst. Nutze auch das Feld für Bemerkungen, um Verhalten, Lebensraum, Nahrung etc. zu beschreiben sowie erkannte Merkmale von seltenen Arten zu notieren.

TONAUFNAHMEN Windgeschützt positionieren, nicht bewegen und absolut leise sein – dann gelingen sie schon mit dem Smartphone.

Vogelstimmen aufnehmen

Immer mehr Beobachter machen Tonaufnahmen von Vögeln. Sie helfen bei der Bestimmung und lüften Geheimnisse.

VIELE VÖGEL nehmen wir nur akustisch wahr, z. B. im Wald. Auch auf hoch überfliegende Kleinvögel oder nachtaktive Arten werden wir erst durch ihre Rufe aufmerksam. Tonaufnahmen sind in diesen Fällen das beste Mittel, um Beobachtungen zu dokumentieren. Mit dem Smartphone haben wir zu jeder Zeit auch ein Aufnahmegerät dabei. Daher ist das Aufnehmen von Vogelstimmen heutzutage so einfach und populär wie nie zuvor.

DAS HANDY ALLEIN kann mit der Diktiergerätfunktion bereits gute Ergebnisse liefern. Es gibt auch Mikrofone, die sich über die Kopfhörerbuchse anschließen lassen und die Qualität der Aufnahmen stark verbessern. Wer tiefer in die Materie eintaucht, kann sich ein Aufnahmegerät, Richtmikrofon oder sogar einen Parabolspiegel anschaffen. Teile deine Aufnahmen mit anderen Beobachtern auf Plattformen wie ornitho, xeno-canto oder ebird.

EIN RICHTMIKROFON samt Windschutz produziert bessere Ergebnisse.

PARABOLSPIEGEL blenden Nebengeräusche noch effektiver aus.

GENAUSO WIE FOTOS können auch Tonaufnahmen direkt im Internet hochgeladen werden. Wer noch mehr herausholen möchte, greift zu Audiosoftware, z. B. Gratisprogramme wie *Audacity* oder *Raven Lite*. Damit kann man Dateien kürzen und behutsam bearbeiten. Nebengeräusche lassen sich bis zu einem gewissen Grad herausfiltern oder leise Stimmen verstärken.

ABER ACHTUNG! Stärkere Eingriffe verschlechtern die Qualität deutlich und führen zu Verzerrungen. Mit diesen Anwendungen können auch *Sonagramme*, visuelle Darstellungen der Tonaufnahmen, erstellt werden (siehe rechts und S. 76–77). Sie machen die Vogelstimme sicht- bzw. „lesbar" und erlauben genaue Analysen, z. B. der Tonhöhe (Frequenz) oder der „Form" eines Rufs, die für die Bestimmung relevant sein kann.

SUMPFMEISE ODER WEIDENMEISE? Ein Foto kann diese Frage nicht immer beantworten – eine Tonaufnahme schon (Foto: Weidenmeise).

IST DER RUF EHER „FLACH" wie beim Sprosser oder „ansteigend" wie bei der Nachtigall (Foto) – aus dem Sonagramm (rechts) lässt sich das am besten beurteilen.

CHECKLISTE FÜR TONAUFNAHMEN MIT DEM HANDY

- App verwenden, die wav-Dateien aufzeichnet (z. B. Rec Forge II).
- AGC (Automatic Gain Control) deaktivieren, 48 kHz und wav-Format wählen.
- Mikrofon am Handy nicht mit den Fingern abdecken.
- Möglichst nahe an den Vogel gehen, bei Windstille Hand ausstrecken.
- Bei Wind: Handy nahe am Körper halten und vor Wind schützen.
- Nicht bewegen!
- Am Ende Art, Ort, Datum und andere Details auf die Aufnahme sprechen.

AUTOMATISCHE AUFNAHMEGERÄTE wie jene von *Wildlife Acoustics* lassen sich auch so programmieren, dass sie nur in der Nacht aufnehmen.

Nächtlicher Vogelzug

Die meisten Vögel ziehen nachts und blieben völlig unbemerkt, wären da nicht ihre Flugrufe, die sie verraten.

NÄCHTLICHER VOGELZUG NocMig steht für engl. *nocturnal migration* (nächtlicher Vogelzug) und wurde in den letzten Jahren als neues Betätigungsfeld für Vogelbeobachter bekannt. Mittels Tonaufnahmegerät, das am Abend aufgestellt wird und bis zum Morgen aufzeichnet, können die Stimmen der Vögel aufgenommen werden, die nachts über unsere Dächer hinwegziehen.

VÖGEL ZIEHEN ÜBERALL Dennoch ist der Ort für eine nächtliche Aufnahme gut zu überlegen: Du willst keine Nebengeräusche, sondern möglichst nur Vogelrufe aufnehmen. Platziere das Gerät daher an einem windgeschützten, ruhigen Ort und überlege, welche Geräusche störend werden könnten: Blätterrascheln, Kuhglocken, Verkehrsgeräusche, surrende Maschinen usw.

HANDY ODER HANDREKORDER stellt man abends windgeschützt auf. Am nächsten Morgen kann die Auswertung beginnen.

FÜR NOCMIG eignen sich ruhige Orte mit wenigen Störgeräuschen. Wo nachts „Totenstille" herrscht, sind ziehende Vögel am besten zu hören.

ERST SCHLAFEN, dann auswerten: Dank der automatischen Aufnahme muss man nicht die ganze Nacht wach bleiben. Der Aufwand der Auswertung ist aber nicht zu unterschätzen, sie funktioniert (noch) nicht automatisch. Viele Stunden Audiomaterial müssen später gesichtet und teilweise angehört werden. Dabei lässt man sich in der Software das Sonagramm anzeigen und sieht sich nur jene Stellen genauer an, an denen Rufe sichtbar sind. Je nach Übung benötigt man zur Auswertung einer Stunde nächtlicher Aufnahme ca. 10–30 Minuten.

ÜBUNG MACHT DEN MEISTER
Anfangs ist es ein steiniger Weg, aber wenn man die häufigsten Rufe schon am Sonagramm erkennt, kann man sie schneller zählen, typische Störgeräusche überspringen und muss nur Rufe anhören, die einem unbekannt sind. Auf ornitho.de gibt es einen Projektcode zur Kennzeichnung von NocMig-Daten und Vorschläge

REGENBRACHVÖGEL und andere Limikolen wandern im Schutz der Dunkelheit.

zur Methodenstandardisierung. Weitere Ressourcen zu NocMig finden sich auf Englisch z. B. auf www.nocmig.com und www.sound-approach.co.uk/night-flight-calls.

NACHTZIEHER Gewisse Vogelgruppen, auch eigentlich tagaktive Arten, ziehen fast ausschließlich in der Nacht. Am Tag wandern vor allem Kurzstreckenzieher, während Langstreckenzieher überwiegend nachts große Flugstrecken bewältigen. NocMig ist eine Möglichkeit, das Zuggeschehen dieser Nachtzieher abzubilden – sofern sie rufen.

SEETAUCHER wie der Sterntaucher ziehen vor allem nachts.

DER KUCKUCK gehört ebenfalls zu den Nachtziehern.

AUCH RALLEN sieht man fast nie fliegen; sie ziehen nachts (Foto: Wasserralle).

ROHRSÄNGER und viele verwandte Gruppen wandern nicht am Tag (Foto: Schilfrohrsänger).

GENERELL NACHTAKTIVE ARTEN wie der Ziegenmelker ziehen auch nachts.

ZIEHENDE ORTOLANE lassen sich mittels nächtlicher Tonaufnahmen erfassen.

AMSEL Die häufigste Drossel ist auch am häufigsten zu hören. Nordische Amseln ziehen im Herbst südwärts.

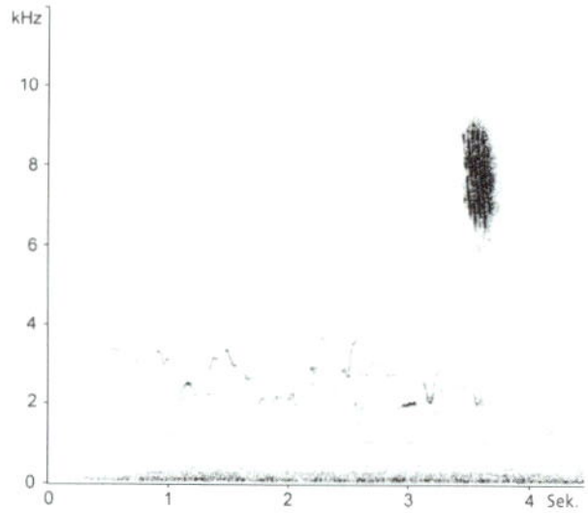

DAS „SRRII" DER AMSEL fällt kaum ab und wird oft 2- bis 3-mal aneinandergereiht 017.

SINGDROSSEL Dieser häufige Zugvogel ist v. a. im September und Oktober nachts zu hören – oft zu Amsel und Rotdrossel

ZU DEN HÄUFIGSTEN NACHTZIEHERN, die auch auf nächtlichen Tonaufnahmen zu hören sind, gehören die hier abgebildeten Arten. Vogelarten bzw. -gruppen, die nur am Tag ziehen, wie z. B. Finken, Stelzen und Pieper, sind darauf genauso wenig zu hören wie solche, die im Flug nicht oder kaum rufen, wie z. B. Laubsänger.

ROTKEHLCHEN Vielleicht der häufigste Nachtzieher – auf Rufaufnahmen aber nicht immer leicht zu bestimmen.

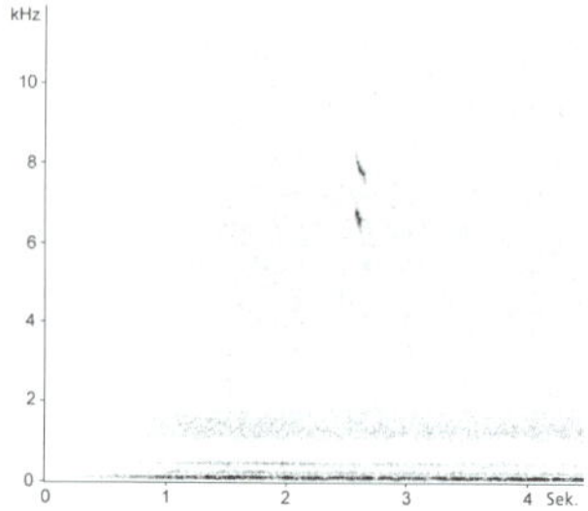

DAS KURZE „ZI" des Rotkehlchens ist unauffällig, leider aber auch recht variabel 020.

BLÄSSHUHN Rallen wie Blässhuhn, Teichhuhn und Wasserralle ziehen nachts auch über Land und rufen dann.

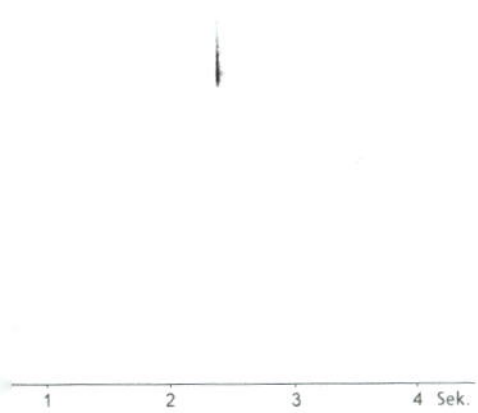

SCHARF, KURZ UND HOCH „ZIP“ ruft die Singdrossel. Auch am Tag aus Gebüschen und Bäumen zu hören 018.

ROTDROSSEL Diese Skandinavierin zieht etwas später als die Singdrossel, meist ab Oktober bis in den Winter.

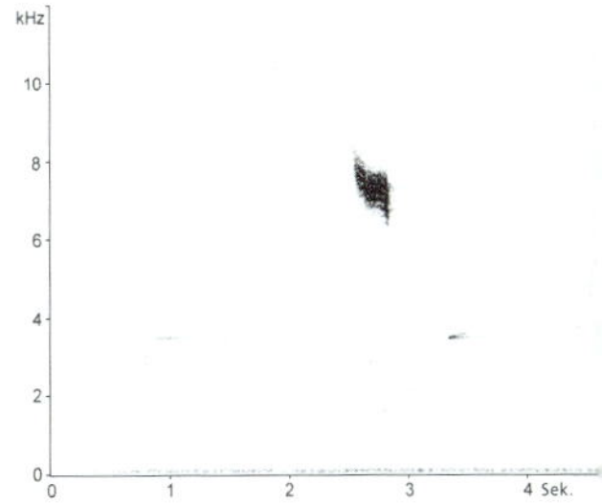

DER SOUNDTRACK DER HERBSTNÄCHTE ist das feine, heisere und abfallende „tsrriii“ der Rotdrossel 019.

WÄHREND EINIGE ARTEN GANZ TYPISCHE, kaum zu verwechselnde Rufe äußern, gibt es auch Artengruppen, die einander sehr ähnlich klingen. Manche Flugrufe von Grauschnäpper, Trauerschnäpper und Rotkehlchen können beispielsweise nur schwer zu unterscheiden sein. Schwierig wird es auch bei schlechter Aufnahmequalität.

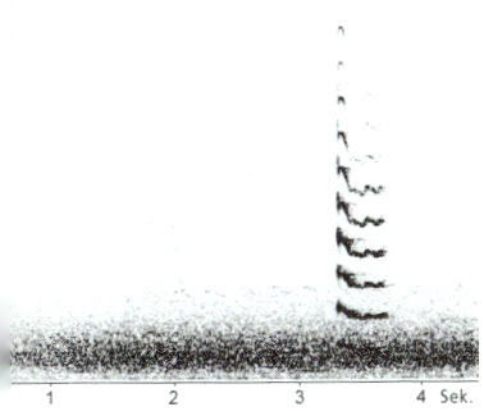

RUFE DES BLÄSSHUHNS sind variabel, ähneln häufig aber jenen, die auch am Tag an Gewässern zu hören sind 021.

GRAUREIHER Dass manche Graureiher im Winter bis nach Westafrika ziehen, ist für viele überraschend.

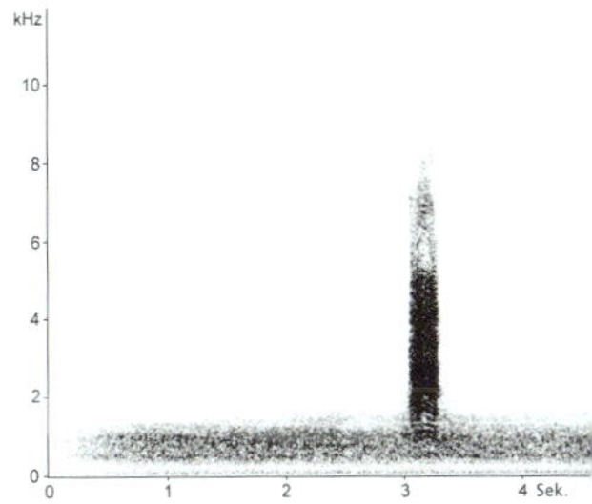

DERB-KREISCHEND „KRAA“ rufen fliegende Graureiher. Sie sind häufig zu hören und meist unverwechselbar 022.

Vogelzug am Tag

Wenn Jahreszeit und Bedingungen passen, kann man den faszinierenden Vogelzug am Tag hautnah erleben.

AM TAG ZIEHEN vor allem Kurzstreckenzieher und „Segelflieger", z. B. große Greifvögel, die auf warme Aufwinde angewiesen sind. Die meisten meiden Barrieren, z. B. Gebirge oder große Gewässer, und folgen geografischen Leitlinien. Unzählige Vögel fliegen an guten Zugtagen den Ufern großer Seen und den Küsten entlang. Dort lässt sich der Vogelzug hervorragend beobachten.

WENN GROSSE WASSERFLÄCHEN überquert werden müssen, geschieht das dort, wo die kürzeste Flugstrecke über das Wasser möglich ist, z. B. über Meerengen oder Inseln. Meeres- und andere Wasservögel ziehen aber problemlos über das Meer. Ihre Zugbewegungen beobachtet man beim „Seawatching" von exponierten Küstenabschnitten (siehe S. 94).

DURCHS GEBIRGE folgen viele Vögel den Tälern. Pässe überqueren sie oft in geringer Höhe – ideal, um Zugvögel zu beobachten.

FLUGRUFE sind das beste Merkmal, um am Tag ziehende Vögel zu bestimmen, da die meisten Arten in kurzen Abständen typische Rufe äußern. Wenn das wehmütige „tui" der Erlenzeisige 023 oder das trockene „zrrr-rr" einer Misteldrossel 024 erklingt, ist die Bestimmung schon klar, bevor die Vögel überhaupt sichtbar sind. Bei Wind wird es mit dem Hören schwieriger und weniger Rufe sind eindeutig zuordenbar (Foto: Misteldrossel).

GEFIEDERMERKMALE sind bei ziehenden Kleinvögeln oft schwer zu erkennen. Achte auf große Farbkontraste, wie die schwarzgelben Flügel des Stieglitzes (Foto) oder den breiten Streifen auf der Flügelunterseite der Gebirgsstelze. Leichter wird es bei Gegenwind, dann ziehen Vögel oft tiefer und besser sichtbar.

DIE FLUGWEISE kann die Bestimmung auf Art- oder zumindest auf Familienniveau ermöglichen. Auch wenn Vögel zu weit entfernt fliegen, wir weder ihre Gefiederdetails erkennen noch den Ruf hören können: Der geradlinige, schwirrende Flug von Sperlingen, der Wellenflug von Stelzen, Spechten und Finken oder die „hüpfende" Flugweise von Meisen sind für diese Gruppen typisch.

Vögel im Flug bestimmen

Während wir Greifvögel vor allem im Flug bestimmen, warten viele bei kleineren Arten lieber, bis sie gelandet sind.

KLEINERE VÖGEL werden im Flug häufig nur mit freiem Auge betrachtet und bestimmt oder sogar unbestimmt ziehen gelassen. Es lohnt sich aber unbedingt, das Beobachten und Bestimmen fliegender Vögel zu üben – greif einfach zum Fernglas. Nicht zuletzt auch, weil wir im Laufe eines Beobachtungstages sehr viele Vögel nur im Flug sehen.

IM FLUG sind andere Kennzeichen wichtig als bei stehenden Vögeln. Besonders beim Auffliegen oder Landen werden oft entscheidende Merkmale sichtbar. Gestalt, Flugweise und Flugrufe spielen v. a. bei Kleinvögeln die Hauptrolle. Aber auch die Schwanz- und Flügelform sowie die Färbung von Unterflügel und Bürzel sind im Flug oftmals besser zu sehen.

WEISSER FLÜGELHINTERRAND UND WEISSE SCHWANZKANTEN – zwei Merkmale der Feldlerche, die v. a. im Flug sichtbar sind.

WALDWASSERLÄUFER wirken im Flug schwarz-weiß, auch wegen der sehr dunklen Unterflügel.

BRUCHWASSERLÄUFER haben hellere Unterflügel als Waldwasserläufer.

BEIM FOTOGRAFIEREN unbekannter Vögel oder schwierig zu bestimmender Arten ist es deshalb wichtig, immer auch Bilder des fliegenden Vogels zu machen. Wenn das nicht möglich ist, drück ab, wenn sich der Vogel streckt oder putzt. Vielleicht ist gerade dann das alles entscheidende Merkmal zu sehen.

IM ERSTEN WINTERKLEID sind die meist hellen Unterflügel der Steppenmöwe (Mitte) ein unterstützendes Merkmal zur Unterscheidung von Mittelmeermöwe (links) und Silbermöwe (rechts).

STÖRCHE fliegen mit gestrecktem Hals und kreisen stumm, in ungeordneten Gruppen (Foto: Weißstörche).

KRANICHE zeigen ein ähnliches Flugbild wie Störche, fliegen aber aktiv, laut rufend und in Formation 001.

KRANICHE, STÖRCHE, REIHER UND LÖFFLER haben lange Beine und einen langen Hals als Gemeinsamkeiten. Fliegende Individuen werden u. a. anhand der Halshaltung, der Flugweise und Gruppenkoordination unterschieden. Während Kraniche im Flug fast immer rufen, ziehen die anderen Gruppen meistens oder immer stumm.

REIHER fliegen mit angezogenem Hals, mitunter in kleiner Formation. Die Flügel sind stark gebogen (Foto: Purpurreiher).

LÖFFLER strecken im Flug den Hals und den sehr langen Schnabel. Sie ziehen stumm, auch in Formation.

ENTEN schlagen schneller mit den Flügeln und haben einen kürzeren Hals als Gänse. Sie fliegen seltener in Formation und ziehen stumm (Foto: Pfeifenten).

GÄNSE zeigen einen langen Hals, kurzes Hinterende und fliegen oft laut rufend in Formation (Foto: Blässgänse).

ZIEHENDE GÄNSETRUPPS sind ebenfalls unüberhörbar. Enten, Kormorane und Möwen rufen hingegen nicht, wenn sie in Trupps über den Himmel ziehen.

Diese Vogelgruppen sind am besten an den Körperproportionen (z. B. Länge von Hals und Schwanz) und der Färbung zu unterscheiden.

KORMORANE fliegen stumm, aber wie Gänse in Formation. Unterscheidbar durch längeren Schwanz und Knick im Hals.

MÖWEN bilden ebenfalls stumme Formationen. Kurzer Hals und Schwanz, lange Flügel und (bei Altvögeln) weißes Gefieder (Foto: Mittelmeermöwen).

SAATKRÄHE Unterscheidet sich von Rabenkrähe durch gerundeten Schwanz, schmale Flügel, spitzen Schnabel sowie – mit Erfahrung – Rufe und Flugweise 025.

JUVENILE SAATKRÄHEN ähneln der Rabenkrähe stark, da sie noch keine graue Schnabelbasis zeigen. Beachte Schnabel- und Kopfform.

RABENKRÄHE Ähnlich Kolkrabe, aber deutlich kleiner, geselliger und anders als dieser gern in Menschennähe. Vergleiche die Rufe 026!

SCHWARZE RABENVÖGEL ähneln sich im Flug stark. Rufe sind bei den meisten Arten verlässliche Unterscheidungsmerkmale. Sind keine Rufe zu hören, achte auf Flugweise, Schwanz- und Schnabelform. Versuche außerdem, die Größe mit anderen Vögeln im selben Trupp oder in der Nähe zu vergleichen.

KOLKRABE Sehr groß, wie Mäusebussard. Langer, keilförmiger Schwanz, schmale Flügel. Ruft typisch sanft, tief rollend 027.

DOHLE Kleiner als andere Krähen, mit kürzerem Schnabel und schnelleren Flügelschlägen. Der Flugruf „kja!" ist eindeutig 028.

TANNENHÄHER Größe wie Dohle, aber geringere Spannweite. Kurzer Schwanz und weiße Unterschwanzdecken. Ruft schrill kreischend 029.

SCHWARZSPECHT Wellenflug schwächer ausgeprägt als bei anderen Spechten und sehr groß. Ähnlichkeit mit Krähen 030.

MEISEN ziehen gesellig, durchwegs rufend. Blaumeise (Foto) und Kohlmeise sind wohlproportioniert, Tannenmeisen wirken großköpfig und kurzschwänzig.

GOLDHÄHNCHEN sind klein wie Laubsänger, aber kurzschwänzig und „kugelig" – ähnlich Tannenmeise (Foto: Wintergoldhähnchen).

DIESE VOGELGRUPPEN sieht man nur selten lange über Freiflächen fliegen. An Zugtagen im Herbst ist es an strategisch günstigen Stellen, z. B. an Küsten und Seeufern oder auf Gebirgspässen, aber möglich. Je nach Distanz sind bei kleinen Arten Gefiedermerkmale kaum zu erkennen. Flugweise und Proportionen sind dann für die Zuordnung wichtig.

HECKENBRAUNELLEN sind dunkel und fliegen geradlinig, mit schräg nach unten gerichtetem Schnabel. Typischer Flugruf „dididi" 031.

SINGDROSSEL (Foto) und Rotdrossel sind kurzschwänzig, auf Distanz schwer zu unterscheiden. Alle Drosseln mit typischen Flugrufen.

MISTELDROSSELN sind langschwänzig und fliegen mit zielstrebigem Flug, fast taubenähnlich. Andere Arten fliegen unsteter.

DER BUCHFINK ist die am häufigsten unter Tag ziehende Art. Immer mit viel Weiß am Oberflügel. Ruft im Flug sanft „güb“ 032.

BERGFINKEN fliegen schneller als Buchfinken. Weißer Bürzel, Brust und Flügelbug orange, helle Flügelbinde. Auffälliger Ruf „quäk“ 033.

GRÜNLINGE sind recht groß und kurzschwänzig, der Körper kontrastarm gefärbt. Gelbes Flügelfeld. Fliegt in kleinen Trupps, ruft „gib gib“ 034.

FINKENVÖGEL gehören mit Meisen und Piepern zu den häufigsten am Tag ziehenden Vogelgruppen. Die Rufe der einzelnen Arten sind mit etwas Übung gut unterscheidbar, ähneln sich aber oft im Grundton.

STIEGLITZE sind kontrastreich gefärbt, besonders die schwarz-gelben Flügel stechen hervor. Rufen lieblich „didlit“ 035.

DER GIRLITZ ist ein sehr kleiner, rundköpfiger Fink mit gelben Flügelbinden und gelbem Bürzel. Fliegt langsamer als andere Finken, ruft hoch trillernd 036.

ERLENZEISIGE sind klein, fliegen oft in großen Trupps und sind am typisch wehmütigen „tui“-Ruf erkennbar 023. Gelb auf Bürzel, in Schwanz und Flügeln.

BLUTHÄNFLINGE sind kontrastarm braun, zeigen aber kleine weiße Felder in den Flügeln und an den Schwanzseiten. Ruft „tig-itt“ 037.

DER KERNBEISSER ist der größte Fink. Bullig, mit kurzem Schwanz und großem Schnabel. Viel Weiß im Flügel. Ruft scharf „pix“ 013.

VIELE AMMERN sind mäßig gute Flieger mit längerem Schwanz. Rohrammern (Foto) schlagen unregelmäßig mit den Flügeln und rufen abfallend „ziü“ 038.

Achte neben den Flugrufen v. a. auf das Flügelmuster und die Proportionen (Schwanzlänge).

Ammern und Sperlinge sind weniger häufig ziehend zu beobachten.

SCHNEEAMMER (Foto), Spornammer und Ortolan haben lange, spitze Flügel und fliegen besser als andere Ammern. Schneeammer 039 mit viel Weiß im Flügel.

SCHNEESPERLINGE sind groß und langschwänzig mit typischer Flügel- und Schwanzzeichnung. Vergleiche mit Schneeammer.

FELDSPERLINGE (Foto) und Haussperlinge sind recht standorttreu. Wenn sie ziehen, dann in kleinen Gruppen, geradlinig und mit schwirrenden Flügelschlägen.

WEISSE REIHER Der Ort, an dem sie sich aufhalten, ist ein hilfreiches Merkmal bei der Bestimmung. Kuhreiher (Foto) stehen oft bei, mitunter sogar auf Vieh.

Auf große Distanz

Betrachten wir Vögel auf große Distanz, müssen wir mit weniger Bestimmungsmerkmalen auskommen.

AN WEITENTFERNTEN VÖGELN können wir Farben häufig schlecht erkennen. Dann tritt bei der Bestimmung der Gesamteindruck in den Vordergrund: Schau auf Größe, Form und die Verhältnisse der Körperteile zueinander, z. B. Bein- und Schnabellänge. Schenke der Bewegungsweise und dem Verhalten besondere Aufmerksamkeit. Denn gerade diese Merkmale sind nicht so variabel wie die Färbung und daher verlässlicher.

VERGLEICHE FRAGLICHE VÖGEL immer mit anderen Individuen in der Nähe, die du schon bestimmt hast. Das hilft bei der Einschätzung von Größe und Färbung. Bei fliegenden Greifvögeln vermittelt die Frequenz der Flügelschläge (kleinere Vögel schlagen häufiger mit den Flügeln als große) und der Flugradius beim Kreisen (Adler beschreiben z. B. größere Kreise als Bussarde) oft einen guten Eindruck der Größe.

HITZEFLIMMERN kann die Bestimmung unmöglich machen. Am besten auf einen Hochstand steigen. In der Höhe flimmert es weniger (Foto: Wüstenregenpfeifer).

SEESCHWALBEN jagen meistens über dem Wasser. Ob sie sich dabei ins Wasser fallen lassen oder nicht, kann ein wichtiger Hinweis sein (Foto: Weißbartseeschwalbe).

SO WIE DER MÄUSEBUSSARD stehen auch Adler, Milane oder der Fischadler gern exponiert – aber genauso am Boden.

AUCH GEIER ruhen hoch oben auf einem Fels, Baum oder Masten. Auf den Boden kommen sie vor allem zum Fressen (Foto: Gänsegeier).

GREIFVÖGEL gehören zu den wenigen Vogelgruppen, die wir fast immer im Flug bestimmen. Erst am fliegenden Vogel werden wichtige Merkmale wie die Zeichnung der Flügelunterseite oder die Anzahl der „Finger" sichtbar. Zudem sind viele Arten scheu und stehen häufig weit

WEIHEN hingegen stehen kaum auf Bäumen, sondern immer am Boden oder bodennah auf Büschen oder Pflöcken (Foto: Wiesenweihe).

DER WESPENBUSSARD lebt versteckt im Wald. In offener Landschaft begegnet man ihm fast immer nur fliegend.

SPERBER UND HABICHT exponieren sich ebenfalls nicht gern, sondern suchen sich eher Sitzplätze in Bäumen oder Büschen (Foto: Sperber).

FALKEN sind weniger strikt: Viele stehen exponiert auf Bäumen, Strommasten, Pflöcken, aber auch am Boden (Foto: Würgfalke).

weg. Manchmal verrät aber schon der Sitzplatz etwas über die Identität. Achte darauf, wo sich verschiedene Greifvogel- und Falkenarten niederlassen. Schon bald wirst du Muster erkennen. Diese zu wissen ist hilfreich, wenn auf große Distanz keine Details zu sehen sind.

DER BAUMFALKE zeigt sich – im Vergleich zu seinen Verwandten – seltener offen stehend und sucht eher die Deckung von Baumkronen.

EINEN MERLIN kann man an verschiedensten Orten stehen sehen, am häufigsten trifft man den kleinen Falken aber am Boden an.

TEMMINCKSTRANDLÄUFER (rechts) sind nicht nur düsterer gefärbt als Zwergstrandläufer. Sie bewegen sich auch bedächtiger und stehen oft „gebückt".

DER ALPENSTRANDLÄUFER (hinten) ist der häufigste Strandläufer und hilft beim Vergleichen von Schnabelform und -länge sowie Körpergröße. Vorne: Zwergstrandläufer.

LIMIKOLEN (WATVÖGEL) stehen an großen Gewässern oft weit entfernt. Auch wenn es erst unmöglich erscheint, lassen sich viele Fälle mit einem Blick auf die richtigen Merkmale lösen. Geduldiges Beobachten lohnt sich, bis diagnostische Kennzeichen erkennbar werden.

VIELE SICHELSTRANDLÄUFER (rechts) zeigen längere und stärker gekrümmte Schnäbel als Alpenstrandläufer (links). Dieses Merkmal ist, wie hier, längst nicht immer eindeutig.

SPÄTESTENS IM FLUG wird der letzte Zweifel ausgeräumt: Sichelstrandläufer (rechts) zeigen weiße Oberschwanzdecken. Die des Alpenstrandläufers sind durch ein dunkles Feld geteilt.

DUNKLE WASSERLÄUFER schwimmen, anders als die meisten Limikolen, auch in tieferem Wasser. Sie tauchen mit dem Kopf unter und strecken das Hinterende entenartig in die Luft.

ROTSCHENKEL zeigen einen breiten weißen Flügelhinterrand, der bei stehenden Vögeln nicht, im Flug aber auch auf große Distanz erkennbar ist.

BESONDERE VERHALTENSWEISEN, der Vergleich mit in der Nähe stehenden Vögeln oder Gefiederpartien, die erst im Flug oder beim Strecken der Flügel sichtbar werden (z. B. Unterflügel, Bürzel), machen häufig den entscheidenden Unterschied bei ähnlichen Arten.

KIEBITZREGENPFEIFER (Foto) und Goldregenpfeifer zu unterscheiden fällt oft schwer. Ersterer zeigt im Flug schwarze Achseln – dann ist die Sache klar.

TEICHWASSERLÄUFER (rechts) ähneln dem Grünschenkel. Ein Größenvergleich, z. B. mit einem Kampfläufer (links), hilft: Ein Grünschenkel wäre deutlich größer als dieser.

Seawatching

Den Flugverkehr am offenen Meer zu beobachten, ist etwas für Hartgesottene, denen Wind nichts ausmacht.

BLICK INS BLAUE Wenn man von der Küste raus aufs Meer blickt, sieht man häufig ein paar Möwen, selten mehr. Nimmt man das Spektiv zur Hilfe, offenbart sich ein Einblick in die Welt der Seevögel, die nur ungern in Küstennähe, geschweige denn an Land kommen. Besonders ergiebig ist diese Form der Vogelbeobachtung zu den Zugzeiten und bei starkem Wind, der vom Meer zum Land bläst.

ES LOHNT SICH! Jetzt wird das Seawatching richtig ertragreich. Suche dir eine windgeschützte Position an einem exponierten Küstenabschnitt, z. B. eine Halbinsel, ein paar Meter über dem Meeresspiegel, mit freiem Blick aufs offene Meer.

BEIM SEAWATCHING beobachtet man überwiegend winzige fliegende Punkte weit draußen am Meer.

Vögel, die sonst „unsichtbar" sind, weil sie viel zu weit draußen an der Küste entlangfliegen, werden vom Wind in Richtung Land gedrückt.

SEAWATCHING bleibt auch bei idealen Bedingungen etwas für Geduldige. Nur wenige Hochseevögel fliegen so nah zum Land, dass man alle Details erkennen kann. Mit wenigen Merkmalen auszukommen und der Flugweise von Vögeln viel Beachtung zu schenken, ist ein Hauptmerkmal der Beobachtung am Meer.

MEERESENTEN Eiderenten (Foto) und verwandte Arten ziehen an Küsten entlang.

SEETAUCHER können von der Küste aus schwimmend und fliegend gesehen werden (Foto: Prachttaucher).

RAUBMÖWEN Für die Bestimmung von Jungvögeln sind gute Bedingungen nötig (Foto: Spatelraubmöwe).

BASSTÖLPEL sind leichter bestimmbar und vor den Küsten stellenweise häufig.

STURMTAUCHER und andere „Röhrennasen" sind bei Seawatchern besonders begehrt (Foto: Sepiasturmtaucher).

ALKE wie die Trottellumme (Foto) sind auf größere Distanz nicht leicht zu bestimmen.

DIESE VORJÄHRIGE STEPPENMÖWE hat im Mai mit der Mauser der Schwungfedern begonnen: Das alte Gefieder ist stark ausgeblichen.

Mauser

Beschädigte Federn können nicht repariert werden. Deshalb tauschen Vögel regelmäßig das gesamte Gefieder.

ALS MAUSER bezeichnet man den Federwechsel. Viele Arten erneuern ein Mal jährlich – meist über den Sommer – ihr gesamtes Federkleid, häufig in verschiedenen Abschnitten. Mit der Mauser ändern manche Arten auch ihr Aussehen, je nach Alter, Geschlecht oder Jahreszeit. Nach der Mauser tragen Vögel ein neues, makelloses Kleid, das andere Farben oder Muster zeigen kann.

SO WECHSELN MANCHE zwischen Prachtkleid (zur Fortpflanzung) und Schlichtkleid (meist im Winter) und einige entwickeln über mehrere Lebensjahre verschiedene Alterskleider (S. 98). Besonders während des Federwechsels kann die Mauser für Verwirrung sorgen, zeigen die Vögel dann doch gemischte Merkmale (S. 47, 98). Vor der Mauser sind die Federn abgenutzt und blass.

ZWERGTAUCHER tragen im Frühling und Sommer ein Prachtkleid (links) und mausern danach in das unauffälligere Schlichtkleid (rechts).

Alterskleider

Viele Arten verändern das Aussehen ihres Gefieders mit dem Alter. Sie tragen unterschiedliche „Kleider“.

DAS NEST verlassen Vögel in ihrem Jugendkleid. Dieses ist oft weniger kontrastreich und bunt gefärbt. Manche Arten, z. B. viele Singvögel, wechseln noch im Spätsommer das Gefieder und sind von Altvögeln bereits dann nur schwer oder gar nicht mehr zu unterscheiden. Bei anderen, v. a. größeren Arten bleibt das Jugendkleid etwas länger erhalten.

GROSSE GREIFVÖGEL ODER MÖWEN sind Beispiele für Artengruppen, die erst nach mehreren Mauserzyklen (also nach mehreren Jahren) ihr letztes Alterskleid (Adultkleid) anlegen. Sie mausern natürlich auch danach weiterhin ihre Federn, das Aussehen des Gefieders ändert sich aber kaum noch. Die Anzahl der verschiedenen Kleider variiert von Art zu Art.

MÄNNLICHE ROTFUSSFALKEN zeigen im 1. Sommerkleid ein Körpergefieder wie ein Altvogel, die gebänderten Schwung- und Schwanzfedern stammen aus dem Jugendkleid.

KLEINE VÖGEL leben kurz, sind oft noch im ersten Lebensjahr geschlechtsreif und legen daher meist in den ersten Monaten ihr Alterskleid an. Sie benötigen es zur Balz und Partnerwerbung schon im kommenden Frühling. Bei größeren Arten dauert es länger.

IM JUGENDKLEID (links) sind Kohlmeisen stumpf gefärbt. Das Gelb der Unterseite ist blass, der Kopf ist mattgrau. Altvögel (rechts) sind intensiver gelb und der Kopf glänzt tiefschwarz.

GROSSE GREIFVÖGEL WIE DER KAISERADLER (links im Jugendkleid) tragen ihr Alterskleid erst nach mehreren Jahren, wobei die exakte Benennung der Kleider – und damit des Alters – nicht immer leicht oder möglich ist.

ÜBUNGSBILD 1 Drei Limikolenarten fliegen in diesem Trupp im August an einem Hochwasserrastplatz an der deutschen Nordsee.

....

BESTIMMUNGSÜBUNGEN

Auf den folgenden Seiten findest du „Wimmelbilder" mit verschiedenen Vogelarten. Erkennst du alle Vögel?

VERSUCHE ALLE VOGELARTEN und, soweit möglich, auch die verschiedenen Kleider, wie Prachtkleid oder Schlichtkleid, Alter und Geschlecht zu bestimmen. Als einzige Hilfestellung sind Ort und Aufnahmemonat angegeben. Mit diesen Informationen lässt sich die Artenauswahl etwas eingrenzen. Nutze die Gelegenheit, die Vögel miteinander zu vergleichen, um z. B. die Größe einordnen zu können. Auf Seite 113 steht die detaillierte Auflösung.

ÜBUNGSBILD 2 Eine unerwartete Allianz, gesehen im Oktober in Österreich.

ÜBUNGSBILD 3 Spanien, August (Foto oben)

ÜBUNGSBILD 4 Österreich, Dezember (Foto unten)

ÜBUNGSBILD 5 Italien, April (Foto oben)

ÜBUNGSBILD 6 Bulgarien, August (Foto unten)

....

ÜBUNGSBILD 7 Österreich, Januar

ÜBUNGSBILD 8 Österreich, November

ÜBUNGSBILD 9 Deutschland, September

ÜBUNGSBILD 10 Deutschland, August

ÜBUNGSBILD 11 Italien, April (Foto oben)

ÜBUNGSBILD 12 Österreich, November (Foto unten)

....

ÜBUNGSBILD 13 Bulgarien, August (Foto oben)

ÜBUNGSBILD 14 Italien, Mai (Foto unten)

....

ÜBUNGSBILD 15 Österreich, Oktober

ÜBUNGSBILD 16 Österreich, Dezember

AUFLÖSUNG BESTIMMUNGSÜBUNGEN

ÜBUNGSBILD 1, Seite 100
Überwiegend adulte **Alpenstrandläufer** (mit schwarzem oder schwarz geflecktem Bauch), etwas weniger **Knutts** (adulte mit oranger Unterseite, oben links auch diesjährige mit weißlichem Bauch) und ein adulter **Sichelstrandläufer** (oben links, mit rostroter Unterseite und langem, dünnem, nach unten gebogenem Schnabel).

ÜBUNGSBILD 2, Seite 101
Kraniche (zehn adulte, links unten ein juveniler mit braunem Kopf) und **Blässgänse** (die zwei juvenilen rechts erinnern an Graugänse, diese wären aber größer und hätten hellere Unterflügel).

ÜBUNGSBILD 3, Seite 102–103 oben
V. l. n. r.: **Mehlschwalbe**, **Rötelschwalbe**, zwei **Rauchschwalben.**

ÜBUNGSBILD 4, Seite 102–103 unten
Überwiegend **Tafelenten**, darunter drei **Reiherenten** (dunkelköpfig, weißer statt grauer Flügelstreif) und links unten eine weibliche **Kolbenente** (dunkler Scheitel, gelbe Schnabelspitze).

ÜBUNGSBILD 5, Seite 104–105 oben
Ein adulter **Graureiher**, vier **Große Brachvögel**, **Lachmöwen** und zwei **Schwarzkopfmöwen** (ganz rechts adult, siebte Möwe von rechts vorjährig).

ÜBUNGSBILD 6, Seite 104–105 unten
Ein adulter **Graureiher**, überwiegend juvenile **Zwergscharben**, drei adulte und drei juvenile **Zwergtaucher**.

ÜBUNGSBILD 7, Seite 106 oben
Grauammern und ein **Feldsperling.**

ÜBUNGSBILD 8, Seite 106 unten
Türkentauben und eine **Turteltaube** (kleiner, dunkler, rotbraun).

ÜBUNGSBILD 9, Seite 107 oben
Überwiegend mausernde **Pfuhlschnepfen**, einige **Lachmöwen**, ein **Alpenstrandläufer** (links oben) und ein **Grünschenkel** (unten, mittig).

ÜBUNGSBILD 10, Seite 107 unten
Adulte **Sturmmöwen** und **Lachmöwen** (vgl. Muster der Flügelspitze, Schnabelfärbung) in der Mauser des Großgefieders, mittig eine adulte **Brandseeschwalbe**.

ÜBUNGSBILD 11, Seite 108–109 oben
Kormorane (vorjährige mit hellem Bauch), schlafende **Löffelenten** (Männchen mit rotbrauner Flanke), fünf **Stockenten** (links), zwei Weibchen und ein Männchen **Krickenten**, zwei **Blässhühner** (rechts oben) und eine männliche **Spießente** (rechts unten).

ÜBUNGSBILD 12, Seite 108–109 unten
Graugänse, adulte **Blässgänse** und drei juvenile sowie eine adulte **Zwerggans** (im Vordergrund, mit kurzem Schnabel).

ÜBUNGSBILD 13, Seite 110–111 oben
V. l. n. r.: **Stelzenläufer**, männlicher **Kampfläufer**, **Bruchwasserläufer**, zwei **Dunkle Wasserläufer** (im Hintergrund).

ÜBUNGSBILD 14, Seite 110–111 unten
Alpenstrandläufer, darunter drei **Sichelstrandläufer**, zwei vorjährige **Lachmöwen** (braune Schirmfedern), im Hintergrund Rosaflamingos und ein Seidenreiher.

ÜBUNGSBILD 15, Seite 112 oben
Sperber (links unten), **Nebelkrähe** (Mitte) und zwei **Turmfalken**.

ÜBUNGSBILD 16, Seite 112 unten
Stieglitze und vier **Grünlinge**.

EINE STEPPENWEIHE zu finden gelingt mit Glück – oder nach vielen Stunden im Feld durch Studium der Bestimmungsmerkmale.

Seltenheiten finden

Eine Rarität zu finden freut uns alle. Für manche Beobachter ist das sogar der Hauptgrund, Vögel zu beobachten.

ZU JEDER JAHRESZEIT und in allen Lebensräumen können Vögel auftauchen, die normalerweise nicht hier vorkommen. Raritäten oder Irrgäste nennen die Vogelkundler solche Ausnahmeerscheinungen, die manchen Beobachtern alles bedeuten. Vielfach folgt das Auftreten von Seltenheiten Mustern. Bestimmte Arten können zu gewissen Jahreszeiten oder bei besonderen Wetterlagen vermehrt gefunden werden.

„SPRING OVERSHOOTS" Wenn im Frühling warme Luftmassen aus dem Mittelmeerraum nach Mitteleuropa strömen, bringen diese oft „spring overshoots" mit. Das sind Arten, die weiter südlich brüten, im Frühjahr aber über ihr Ziel hinausschießen können. Und im Herbst sind nach Weststürmen an Seen im Binnenland manchmal Vögel zu sehen, die eigentlich am Meer vorkommen – z. B. Raubmöwen.

LOHN FÜR TÜCHTIGE Wer viel Zeit draußen verbringt, entdeckt öfter einen seltenen Vogel.

MERKMALE Die Kenntnis der Merkmale seltener Arten ist essenziell (Foto: Würgfalke).

DER GELBBRAUENLAUBSÄNGER ist ein seltener Herbstgast aus Sibirien, der jedes Jahr in Mitteleuropa auftritt.

IHRE STIMMEN VERRATEN SIE. Kennt man die Rufe seltener Gäste und achtet zur richtigen Jahreszeit auf sie, wird man fündig.

EINEN SELTENEN VOGEL GEFUNDEN? Wunderbar! Damit deine besondere Sichtung gut abgesichert ist, solltest du den Vogel am besten fotografieren oder eine Tonaufnahme machen und die Belege auf www.ornitho.de/at/ch laden. Andere Beobachter würden deinen Fund vielleicht auch gern sehen. Darüber hinaus sammeln die sogenannten „Seltenheitskommissionen" Nachweise von seltenen Vogelarten und geben Listen heraus, welche Arten an sie gemeldet werden sollen.

GELINGT KEIN FOTO, stelle dir folgende Fragen: Wodurch sind ähnliche, häufigere Arten ausgeschlossen? Ist das Individuum vielleicht nur abweichend gefärbt? Könnte der Vogel aus Vogelhaltung entwichen sein? Vorsicht! Die Hoffnung, seltene Arten zu finden, hat Tücken: Bleib selbstkritisch, lass dich nicht vom Wunschdenken fehlleiten. Miss Raritäten und der „Sammlerei" auch nicht zu viel Wichtigkeit bei. So wird man lediglich unentspannt.

SELTENHEITEN DOKUMENTIEREN

Ausnahmen sollen gut dokumentiert werden, damit sie als Nachweise Eingang in die Literatur finden können.

FERTIGE BELEGE DEINER BEOBACHTUNG AN Dazu eine kurze Beschreibung des Beobachtungshergangs und wie andere Arten ausgeschlossen wurden. All das kommt zur Meldung auf den ornitho-Plattformen bzw. an die zuständige Seltenheitskommission – sofern die Art von ihr behandelt wird (siehe S. 122).

FOTOS UND VIDEOS Bilder sind oft die beste Dokumentation. Mach mehrere Fotos, auf denen die relevanten Merkmale sichtbar sind. Besser nicht nachbearbeiten (Foto: Graubruststrandläufer).

TONAUFNAHMEN Manche Arten zeigen sich kaum, andere sind von „Zwillingen" am besten anhand von Gesang oder Ruf zu unterscheiden. Tonaufnahmen sind dann perfekt (Foto: Sprosser).

DNA-PROBEN Manche schwierige Fälle lassen sich nur mittels DNA-Abgleich lösen. Federproben ermöglichen z. B. die Bestimmung „östlicher" Klappergrasmücken (Foto: Unterart *halimodendri*).

AB MITTE MÄRZ können im Schilf bereits Mariskensänger singen. Andere Rohrsänger sind da noch in Afrika.

IM MÄRZ UND APRIL auf Steppenkiebitze (ganz rechts) unter Kiebitzen achten. Auch im Flug leicht am Flügelmuster zu erkennen.

ENDE MÄRZ beginnt der Durchzug der Steppenweihen (ähneln Kornweihen!). Erst adulte, später vorjährige.

MANCHE SELTENHEITEN können jedes Jahr zur etwa gleichen Zeit in passenden Lebensräumen gefunden werden. Sie lassen sich – in beschränktem Ausmaß – vorhersagen.

Natürlich ist diese Auflistung nicht annähernd vollständig, sondern gibt ein paar Ideen, welche besonderen Arten demnächst wieder auf Mitteleuropa zusteuern.

AB MITTE APRIL lohnt die Suche nach Rötelschwalben in Schwalbenansammlungen. Oft bei Regen über Gewässern.

NACHTS IM APRIL UND MAI rufen Zwergohreulen ihren monotonen Gesang 040 in Gehölzen im Tiefland.

AB MAI sind Nachtigallen und gelegentlich auch Sprosser (Foto) 041 wieder bei uns zu hören.

IM MAI kommen seltene Langstreckenzieher wie Schwarzstirnwürger (Foto), Orpheusspötter oder Kappenammer zurück.

ENDE MAI sind unter Staren manchmal Rosenstare (Foto) zu finden. Staren-Schlafplätze, z. B. im Schilf, kontrollieren!

AB MITTE JUNI können in den Alpen neben Bartgeier und Gänsegeier auch Mönchsgeier und sogar Schmutzgeier (Foto) auftauchen.

VIELE VÖGEL sind in der Lage, große Strecken zurückzulegen. Besonders Zugvögel können in Gebieten fernab ihres üblichen Verbreitungsgebiets auftauchen.

Fast alles ist möglich: Ostasiatische, afrikanische und selbst amerikanische Irrgäste kommen gelegentlich nach Mitteleuropa. Sie sind für viele Beobachter das „Salz in der Suppe".

MITTE AUGUST bis in den September rasten im Ackerland und auf baumfreien Bergkuppen Mornellregenpfeifer.

IM SEPTEMBER und Oktober sind Rotkehlpieper zu entdecken. Gelingt besonders anhand des typischen Rufes 042.

IM WINTER mischen sich unter Höckerschwäne auch die gelbschnäbeligen Singschwäne (Foto) und Zwergschwäne.

SERVICE

NÜTZLICHE INTERNETSEITEN

VERBÄNDE

NABU.de (Naturschutzbund Deutschland)

lbv.de (Landesbund für Vogel- und Naturschutz) in Bayern

BirdLife Österreich: birdlife.at

BirdLife Schweiz: birdlife.ch

Weltweit: ebird.org

Dänemark: netfugl.dk

Frankreich: faune-france.org

Italien: ornitho.it

Niederlande: waarneming.nl

Polen: ornitho.pl

Slowakei: birding.sk

Tschechien: birds.cz

Ungarn: birding.hu

ONLINE-PORTALE FÜR VOGELBEOBACHTUNGEN

Deutschland, Luxemburg: ornitho.de

Österreich: ornitho.at

Schweiz: ornitho.ch

ONLINE-RESSOURCEN

Vögel und ihre Rufe im Flug: birds-in-flight.net

Bestimmen anhand der Stimme: soundapproach.co.uk

Tonaufnahmen des nächtlichen Vogelzugs: nocmig.com

Möwen, Möwen, Möwen: gull-research.com

NATIONALE SELTENHEITS-KOMMISSIONEN

Deutsche Avifaunistische Kommission (DAK): dda-web.de/dak

Avifaunistische Kommission Österreich (AFK): birdlife-afk.at

Schweizerische Avifaunistische Kommission (SAK): vogelwarte.ch/de/projekte/monitoring/sak

VOGEL-QUIZZE

computerbirding.org

biofotoquiz.ch

natureid.no

VOGELWARTEN, BERINGUNG, RINGFUNDE

Beringungszentrale Radolfzell: ab.mpg.de/beringungszentrale

Vogelwarte Helgoland: ifv-vogelwarte.de/markierungszentrale
Beringungszentrale Hiddensee: beringungszentrale-hiddensee.de

Österreichische Vogelwarte: vetmeduni.ac.at/klivv/oesterreichische-vogelwarte

Vogelwarte Sempach: vogelwarte.ch

EMPFEHLENSWERTE MEDIEN

BÜCHER

BARTHEL, P. H./DOUGALIS, P. (2019):
Was fliegt denn da? Das Original. Alle Vogelarten Europas. Kompakte Bestimmungsübersicht über die Vögel Europas. 200 Seiten, KOSMOS

HECKER, K. & F. (2020):
Meine Vogel-Snackbar. Vogelfutter selber machen. 72 Seiten, KOSMOS

HECKER, K. & F. (2022):
Mach was für Vögel. Do-it-yourself-Ideen, Pflanzen und Nistplätze für Gartenvögel. 72 Seiten, KOSMOS

KHIL, L. (2020):
Handbuch Vögel beobachten. Ausrüstung und Technik, Vorbereitung und Praxis. Alle Vogelstimmen kostenlos mit der KOSMOS-PLUS-App hören. Das umfassende Werk zum Thema Beobachten mit detaillierten Kapiteln zu Technik, Strategie und Bestimmung „schwieriger" Arten. 304 Seiten, KOSMOS

KHIL, L. (2021):
Vögel Österreichs. 390 Arten erkennen und beobachten. Alle Vogelstimmen kostenlos mit der KOSMOS-PLUS-App hören. 368 Seiten, KOSMOS

SVENSSON, L., ET AL. (2023):
Der Kosmos-Vogelführer. Alle Arten Europas, Nordafrikas und Vorderasiens. Das Standardwerk für die Bestimmung aller Vogelarten Europas und darüber hinaus. 480 Seiten, KOSMOS

STRAUSS, D. (2022):
Gartenvögel und ihr geheimes Leben vor unserer Tür. Mit eindrucksvollen Aquarellen von Sandra Lefrançois. Ein Lesebuch mit Anekdoten, Erzählungen, Beschreibungen und vielen Informationen über die Vögel um uns herum. 256 Seiten, KOSMOS

Die meisten Kosmos-Bücher sind zudem auch als E-Book erhältlich.

KOSMOS-APPS

Gartenvögel

Vögel füttern und erkennen

Der Kosmos-Vogelführer

Vögel Europas bestimmen – Was fliegt denn da?

REGISTER

Die **fett** gedruckten Seitenzahlen verweisen auf Fotos zum Text.

IMPRESSUM

Mit 283 Farbfotos:
215 von **Leander Khil**, außerdem 1 von **Karek Bartik/Shutterstock** (S. 86 u.), 1 von **Michael Dvorak** (S. 90 u. re.), 1 von **Fabio Fercher** (S. 47 u. Mitte), 1 von **FotoRequest/Shutterstock** (S. 87 u. li.), 1 von **Michael Gelhardt** (S. 39 o. Mitte), 9 von **Mathias Putze/birds-in-flight.net** (S. 79 u., S. 85 o. li., o. re., u. li., u. Mitte, S. 86 o. li., u. re., S. 87 o. li., S. 118 o. Mitte), 1 von **MikeLane45/iStock** (S. 85 u. re.), 1 von **Marvin Laynes** (S. 69 re.), 1 von **Rolf Müller/Adobe Stock** (S. 86 o. re.), 1 von **Daniel Nindl** (S. 30 o.), 1 von **Prochym/Adobe Stock** (S. 118 u.), 1 von **Philipp Rauscher** (S. 75 u. re.), 1 von **Christoph Roland** (S. 44), 1 von **Samuel Schnierer** (S. 73 li.), 1 von **Simonas/Adobe Stock** (S. 118 u. re.), 1 von **Manuel Stark** (S. 116 re.), 1 von **Martin Suanjak** (S. 61) und 3 von **SWAROVSKI OPTIK** (S. 2, 8, 31 o.).
Mit 6 Sonagrammen von **Fraser S. Simpson** (S. 76–77).

Mit 56 Vogelstimmen auf der Kosmos-Plus-App: 50 von **Jean C. Roché** und 6 von **Stanislas Wroza**.

Umschlag- und Klappengestaltung von **Sigrid Walter**, Würzburg, unter Verwendung einer Aufnahme von **Leander Khil**. Sie zeigt eine Rohrammer.
Mit 32 Fotos auf den Klappen. Alle Aufnahmen von **Leander Khil**, mit Ausnahme folgender Bilder auf der hinteren Innenklappe: Bachstelze, Baumpieper, Brachpieper, Feldlerche, Gebirgsstelze, Heidelerche, Ohrenlerche, Schafstelze, Strandpieper (alle von **Mathias Putze/birds-in-flight.net**), Kurzehenlerche (von **Dr. Ajay Kumar Singh/Adobe Stock**), hintere Außenklappe (**KOSMOS**).

Unser gesamtes Programm finden Sie unter **kosmos.de**
Über Neuigkeiten informieren Sie regelmäßig unsere Newsletter, einfach anmelden unter **kosmos.de/newsletter**

Gedruckt auf chlorfrei gebleichtem Papier

ISBN: 978-3-440-17633-7
Redaktion: Stefanie Tommes
Produktion: Markus Schärtlein
Gestaltungskonzept: GRAMISCI Editorialdesign, München
Satz: Sigrid Walter, Würzburg
Printed in Italy / Imprimé en Italie

FSC www.fsc.org MIX Papier | Fördert gute Waldnutzung FSC® C023164

NABU
IT FÜR DEN FRÜHLING?
este jetzt dein Wissen mit
em NABU-Vogeltrainer!
WWW.VOGELTRAINER.DE

Herausforderung gesucht?

WIESENPIEPER
Ruft scharf „ist“, manchmal, z. B. beim Auffliegen, aneinandergereiht „ist ist ist“ 043. Zieht später als Baumpieper.

BAUMPIEPER
Ruft dünn, heiser „tshiip“, auch kürzer „sip“ 044. Starker Durchzug im August, überwintert in Afrika.

BRACHPIEPER
Großer, sehr heller Pieper. Ausgeprägter Wellenflug. Ruft sperlingsähnlich „tschilp“ 045.

FELDLERCHE
Relativ langer Schwanz, rollender Flugruf „prrü“ 046. Weißer Flügelhinterrand.

KURZZEHENLERCHE
Kleine Lerche aus dem Süden, ohne hellen Flügelhinterrand, mit zwei angedeuteten Flügelbinden. Ruft trocken „drrilt“ 047.

SCHAFSTELZE
Schwanz relativ kurz, Flug geradliniger als andere Stelzen. Ruft glatt „psii“ 048, östliche/südliche Unterarten „psri“, ähnlich Zitronenstelze.